エンジニアとして世界の最前線で働く選択肢

渡米・面接・転職・キャリアアップ・
レイオフ対策までの実践ガイド

Engineering Career Options in Cutting-Edge Software Companies

竜 盛博
Ryu Morihiro

技術評論社

●免責

　本書に記載された内容は、情報の提供のみを目的としています。したがって、本書を用いた運用は、必ずお客様自身の責任と判断によって行ってください。これらの情報の運用の結果について、技術評論社および著者はいかなる責任も負いません。

　本書記載の情報は、刊行時のものを掲載していますので、ご利用時には変更されている場合もあります。

　以上の注意事項をご承諾いただいたうえで、本書をご利用願います。これらの注意事項をお読みいただかずに、お問い合わせいただいても、技術評論社および著者は対処しかねます。あらかじめ、ご承知おきください。

●商標、登録商標について

　本文中に記載されている製品の名称は、一般に関係各社の商標または登録商標です。なお、本文中では ™、®などのマークを省略しています。

はじめに

「世界のソフトウェア開発の本場で働くのはどんな感じだろう」

ソフトウェア業界に関わっている方ならば、一度はそう考えたことがあるのではないでしょうか。技術系の Web ページを読んでいると盛んに出て来る「シリコンバレー」の文字に憧れを抱き、

「自分もアメリカの有名企業で働いてみたい」
「スタートしたばかりのベンチャー企業で大きな成功を収めてみたい」

などと、ちらっとでも思ったことはないでしょうか。しかし、

「チャンスがあればチャレンジしてみたい気はするけど、自分の現状から何をどうすればチャレンジできるのかわからない」
「入社試験がどのようなものかわからないし、職場環境が日本とどう違うのか想像できない」

という状況の方が多いのではないかと思います。
　そういった漠然とした将来のイメージ、はっきりしない次のステップを具体的なものに変えるのが、この本の一番の目的です。アメリカで職を得て働き続けていくために、レジュメを書くときに気をつけること、面接官の前で実際にコーディングをする面接を突破するためのコツ、日本との仕事環境の違い、転職、レイオフに至るまでの

「アメリカで働くというのはどういうことか？」

をお伝えします。

　私はソフトウェアエンジニアとして、サンフランシスコベイエリア（シリコンバレー）で 10 年以上、シアトルエリアで 4 年以上、働いた経験があります。その間に勤務した会社は 5 社、会社規模は従業員数十人のスタートアップから十万人以上の大企業までさまざまです。業種も、ソフトウェアと同じぐらいハードウェアが重要な測定器業界から、ソフトウェアが本業の Web 業界まで、気がついたら非常に多岐にわたるものになっていました。

　それだけ就職面接をたくさん受けてきたわけですが、面接する側も数多く経験しました（アメリカでは、エンジニアが面接官を務めるのはあたりまえです）。特に、前職の Amazon.com では、100 人近くの応募者にホワイトボードや電話を使ってコーディングの面接を行いました。

　大人になってからのアメリカ在住期間はかなり長くなっていますが、別に帰国子女というわけではありません。幼稚園から大学院まで、今までに通ったすべての学校が仙台市内の半径 3km の円内に収まっています。実際にアメリカに住み始めるまで、英語の勉強は学校の授業と受験勉強以外に特別なことはしていませんでした。

　現在は、Microsoft Corporation で Sr. Software Engineer（シニアソフトウェアエンジニア）として働く傍ら、ワシントン州シアトル周辺で活動する NPO 法人 Seattle IT Japanese Professionals（SIJP）で Vice-President（副会長）として、シアトルエリアに住む技術系の日本人のために講演会や勉強会などのイベントを催し、ネットワーキングやキャリアアップを支援しています。その中で開催したエンジニア向けの就職・転職講座で講師を務めた経験を通じて、自分の今までのキャリアから得たさまざまなノウハウが日本人エンジニアに役立つことに気づき、この本にまとめることにしました。

とは言っても、「日本人エンジニアはだれもが、アメリカで働くべきである」と主張したいわけではありません。エンジニアとしての能力の高さに関わらず、アメリカに合う人、日本のほうが向いている人、どちらも当然存在します。アメリカという外国に住んで働くことには、メリットとデメリットの両方が存在します。メリットの宣伝だけに偏ることなく、デメリットも同じように知っていただきたいと思います。

本書によって、「アメリカで働いてみたい」という思いが強くなり、具体的な行動を起こす方がいらっしゃれば、本書の目的は達成されたことになります。また、すでにアメリカでの就職・転職を目指している方が「目標実現の参考になった」と思ってくださるならば、それもまた本書の目的が達成されたことになります。そして、それとは逆に、本書を読むことで「やはり自分は、日本で働くほうが合っている」という思いが以前より強固なものになった方がいらっしゃるならば、本書のもう1つの目的が達成されたことになります。

この本は、以下のような方を読者として想定しています。

- 「アメリカ企業で働くのはどんな感じだろう？」と思っている方
- アメリカで働きたい方、働いている方
- シリコンバレー礼賛記事に疑念を抱いている方
  （海外の企業が特別優れているわけではないと思っている方）
- IT企業で働きたい方、働いている方
  （特に、コーディング面接を受ける可能性がある方）
- 外資系企業で働きたい方、働いている方

最近は、日本のソフトウェア業界でも人材の流動化が進んでいるようです。国境を超えたさらなる流動化と働く人たちの適材適所が、少しでも促進されることを祈っております。

CONTENTS

エンジニアとして世界の最前線で働く選択肢
~渡米・面接・転職・キャリアアップ・レイオフ対策までの実践ガイド

はじめに 3

CHAPTER 01

あなたはアメリカに
合っているのか

活躍できる条件をすべて揃えてから
渡米する人はほとんどいない 16

アメリカで働くメリット
― エンジニアは優遇されている 17

✔ ソフトウェアエンジニアはベストジョブ

✔ 管理職でなくても年収の中央値は 1,000 万円を超える

✔ 社会全体からも尊敬されている

✔ 外国人のハンディが少ない

✔ 転職が不利にならない

✔ 自由で合理的な職場環境

✔ キャリアパスの選択肢がある

　Column　趣味で幸せ度アップ 22

アメリカで働くデメリット
― 外国人として生きていけるか？ 23

✔ 外国人として働く

✔ プライベートでも外国人

- ✔「外国語」を使ってコミュニケーションしなければならない
- ✔ 管理職への昇進が難しい
- ✔ クビになる確率が高い
- ✔ 家族と離れて暮らす
- ✔【田舎限定】食べ物の良し悪しは無視できない

メリット > デメリット？ Then why not? ………………………… 28

シリコンバレーはメジャーリーグ？ ………………………………… 30

    Column 子どもは簡単にはバイリンガルにならない ……………… 33

CHAPTER 02

どうやったら 渡米できるか

「どれぐらい英語ができればいいんですか？」………………………… 38

- ✔ ソフトウェアエンジニアは一番英語能力が問われないポジション
- ✔ シリコンバレーは一番英語能力が問われない場所
- ✔ 一番大事なのは「情報伝達速度」
- ✔ 日本人の英語力は高い

    Column 英語が下手でも夢に見るし、喧嘩はできる。
    意図せずに相手を怒らせたら上達の証？ ……………………… 43

立ちはだかるビザの壁 ………………………………………………… 46

- ✔ H-1B ビザ（Professional Workers）
- ✔ L-1 ビザ（Intracompany Transferrees）
- ✔ O ビザ（Persons with Extraordinary Ability）

留学後に現地就職 ― ヤル気と能力があれば一番確実 ……… 47

日本で就職後に移籍 ― 一番簡単、でも運任せ ……… 49

日本から直接雇用 ― ハードルが一番高く、運も必要 ……… 51

雇用とは別に永住権・市民権を得る ……… 53

- ✔ 抽選による永住権
- ✔ アメリカ人との結婚による永住権
- ✔ 出生による市民権

CHAPTER 03

アメリカ企業に
就職・転職する

レジュメ作成 ― ポジションごとに内容を変える ……… 56

- ✔ 大事な項目から順に書く
- ✔ 転職サイトでキーワードマッチングにひっかかるようにする
- ✔ ポジションにあわせてレジュメを変える
- ✔ ネイティブスピーカーのチェックを受ける
- ✔ 自分の名前まで変える？

応募 ― 公式ページよりも社員からの紹介 ……… 61

リクルーターとの "chat"
― やりたいことを明確に、給与額は不明確に ……… 62

- ✔ 「自分にとって欠かせないものは何か？」を意識する
- ✔ 希望給与額を言ってはいけない

電話面接 ― 電話しながらコーディング *66*

- ✔ 静かな部屋を確保し、ヘッドセットを使う
- ✔ 面接では何が行われるか
- ✔ コーディングでの注意点
- ✔ 結果をふまえて次に備える

オンサイト面接 ― こちらも相手を面接している *70*

- ✔ 事前に会場を下見する
- ✔ 働いている人の中で一番きちんとした服装で行く
- ✔ 閃きの可能性と自信を高める
- ✔ 面接官との距離を縮めて、緊張をほぐす
- ✔ たとえ途中で失敗しても、最後まで最善を尽くす
- ✔ 「ランチは面接に含まれない」は信用しない
- ✔ こちらも相手を面接している
- ✔ 面接の最後に質問する
- ✔ オフィスを見せてもらう

結果通知 ― フィードバックをもらう最大のチャンス *77*

- ✔ すぐに「入社します」と言わない

  > Column 転職面接は時の運 ― "false negative" を恐れない一流企業 ... *79*

最終決断 ― 舞い上がったままオファーを受けるな *81*

- ✔ まずは仕事の内容を検討
- ✔ 仕事の技術レベルを考えてみる
- ✔ 会社の文化と自分の相性を見極める
- ✔ 条件を交渉する
- ✔ 「交渉したらオファー取り消し」はない
- ✔ バックグラウンドチェック ― 経歴詐称はここでバレる

辞職 ― 転職イコールすべてリセットではない *87*

- ✔ 退職日で収入が変わる

✔ 日本以上に円満退社が大事

Column 面接も円満に進めるのが大事 ················· *91*

CHAPTER 04

ホワイトボードコーディング面接を突破する

「仕事の実力」だけでは不十分 ·················· *94*

コーディング面接の流れ ·················· *95*

✔ 自分のペースをつかむ、緊張を避けられることは何でもする

✔ 一般的な質問には短くまとまった返答をする

✔ ネガティブなことを言わない

✔ 問題を出されたら、とにかく確認する

✔ 最適でなくても方針を説明する

✔ ホワイトボードに余白を確保する

✔ 処理の塊ごとに説明する

✔ バグを見つけて修正する

✔ コーディング終了でも面接終了ではない

✔ 終了後は次に集中する

ノーヒントで解くより「こいつと一緒に仕事をしたら楽しそうだ」 ·················· *107*

「コミュニケーション能力」とは、アイディアを説明すること、人のアイディアを取り込むこと ·················· *108*

問題に出しやすい技術、出しにくい技術 ································ *110*

- ✔ Big-O notation（ランダウの記号）
- ✔ Hash table（ハッシュテーブル）
- ✔ Recursion（再帰）
- ✔ Tree（木構造）
- ✔ Array（配列）

【例題】複数の解法とコストのバリエーション ························ *114*

- ✔ 必要な情報を聞き出す
- ✔ O(n²)の解法
- ✔ O(n log n)の解法
- ✔ O(n)の解法

どこで練習するか ·· *122*

CHAPTER 05

アメリカで働くと
何が違うのか

飲み会なし、ほとんどすべてランチで済ませる ····················· *126*

残業代なし、コアタイムなし、好きなときに家で働く ··········· *128*

ミーティングの量は最低限 ·· *131*

開発プロセスは適量を追求 ·· *133*

360 度評価による成果主義 ·· *134*

011

人事権まで握るマネージャー 138

日本式は通用したり、しなかったり 140

反対意見はしっかり表明 143

Disagree & Commit 145

感情を爆発させるのは、プロとして失格 146

メンタリングによりスキルアップ 149

エンジニアがおもな面接官 151

オープンオフィス、個室オフィス、キュービクル 153
- ✔ オープンオフィス
- ✔ 個室オフィス
- ✔ キュービクル

モラルイベントが催される 157
- Column 外国人の同僚と仲良くなるには飯を食え 158

CHAPTER 06

転職を通して
キャリアアップする

転職のタイミングは、
自分よりも「周りの状況」がカギ 162
- Column 予期せぬ良い知らせ 164

■ポジション探し ―「できること」より「したいこと」 *167*

- ✔ 仕事の内容も環境も大事
- ✔ 技術系の会社でもソフトウェアテクノロジーが主体とは限らない
- ✔ 「ソフトウェアを主体とした会社が一番」とは限らない
- ✔ 安定の大企業
- ✔ 何でもありえるスタートアップ
- ✔ 日本人の強みを活かすポジションとは
- ✔ 日本関係のポジション特有のリスク
- ✔ 迷ったら「難しいポジション」を選べ

■一生、エンジニアとして生きていく *176*

- ✔ 技術系とマネジメント系のキャリアトラックが用意されている
- ✔ 歳をとれば能力が衰えるのは避けられない
- ✔ 再就職のチャンスも減ってくる
- ✔ リスクを認識したうえで決断する

CHAPTER 07

解雇に備える

■「ファイア」は悪い解雇 *182*

- ✔ なぜ、わざわざ解雇する理由を説明するのか
- ✔ ファイアに至る理由
- ✔ 「パフォーマンス不足」はほかとは違う

■「レイオフ」は必ずしも悪いとは言いきれない解雇 *186*

- ✔ 退職日は「その日のうち」とは限らない

013

- ✔ 解雇手当は会社によって大きな差が出る
- ✔ 雇用保険、健康保険の制度について知っておく
- ✔ 転職支援サービスは既成事実を作るのが目的？
- ✔ 「社内異動」という選択肢
- ✔ 「私をレイオフしてください」で臨時収入

グリーンカードのありがたみ ⋯⋯⋯⋯⋯⋯ 192

レイオフに備えるには ⋯⋯⋯⋯⋯⋯ 193

- ✔ 昇進直後にレイオフがあると危険？
- ✔ 噂レベルで囁かれる"対策"
- ✔ 「転職可能な状態」が一番のレイオフ対策
  - Column 私のレイオフ体験 ⋯⋯⋯⋯⋯⋯ 198

おわりに

「雇用の流動性」という違い ⋯⋯⋯⋯⋯⋯ 206

「アメリカで働けば幸せ」とは限らない ⋯⋯⋯⋯⋯⋯ 208

二面性を伝える ⋯⋯⋯⋯⋯⋯ 210

"壁"はなかった ⋯⋯⋯⋯⋯⋯ 211

謝辞 ⋯⋯⋯⋯⋯⋯ 213

あなたは
アメリカに
合っているのか

CHAPTER 01

「アメリカで働く」という選択肢は、すべての人に向いているわけではありません。エンジニアとしてのスキルの高低に関わらず、性格やその他の要因で、日本で働くほうがより多くの成果を出せる人はたくさんいます。生活面の問題でアメリカに合わない人もたくさんいます。逆に、日本にいた時には思うように動けず、燻ってしまっていたのに、アメリカに来たら水を得た魚のようにすべてをエンジョイし始める人もいます。

「ソフトウェア開発の本場で働きたい」
「ベンチャー企業のメッカで挑戦したい」
「一生、エンジニアとして働きたい」
「納得のいかない習慣が存在しない環境で働きたい」

それらの思いが言語の壁、習慣の壁、文化の壁を乗り越えてチャレンジするに値するものなのかと問われたら、迷わず Yes と言える人もいれば、最終的に No となる人もいると思います。すぐに決める必要はありませんが、第一印象の助けとなるべく、アメリカで働くメリットとデメリットを以下に挙げます。自分がそれを体験しているところを想像しながら読んでみてください。そして、「自分もやってみたい」と思うか、それとも苦労してまでやりたいとは思わないか、考えてみてください。

活躍できる条件をすべて揃えてから 渡米する人はほとんどいない

あらかじめ1つ言っておきたいことがあります。もしやってみたいと思うならば、

「もっと英語が上達してから」

「もう少し仕事を覚えてから」

「もう少し〇〇できてから」

などの理由で先延ばしにはしないほうがいいということです。アメリカで素晴らしい活躍ができる条件をすべて揃えてから渡米する人はほとんどいません。たとえば、英語に不安があるならば、日本で上達を図るよりも、アメリカに渡ってしまったほうが上達が速くなります。完璧に準備しようと時間をかけると、人生のステージが進むに従って、実現がさらに困難になってきます。「思い立ったが吉日」「案ずるより産むが易し」で海外に住んでいる人はたくさんいます。

アメリカで働くメリット
――エンジニアは優遇されている

✔ ソフトウェアエンジニアはベストジョブ

　国や文化によって、「良い仕事」と「悪い仕事」は違ってきます。日本では、だれもが尊敬する職業は医者、弁護士、大学教授などでしょうか。アメリカでは、医者と大学教授は日本より尊敬されており、弁護士は日本ほどではありません。また、消防士は日本よりずっと尊敬されています。

　良い職業を順番に並べた時に、日本でソフトウェアエンジニアがどの辺に来るのかはっきりわかりませんが、アメリカにおいて、ソフトウェアエンジニアは非常に高く評価されています。CNN によると、2015 年の "Best Jobs in America" の第 1 位は Software Architect です[1]。就職情報サイトとして有名な Glassdoor.com では、Software Engineer が第 2 位になっています[2]。US News では、Software Developer が第

※ 1　Best Jobs in America　http://money.cnn.com/pf/best-jobs/2015/list/index.html
※ 2　25 Best Jobs in America　http://www.glassdoor.com/blog/jobs-america/

3位です[3]。

これらの順位はそれぞれ多少異なる基準によって評価されていますが、おおむね平均給与額、ジョブマーケットでの募集の数、ストレスレベルなど、「その仕事で幸せになれるか？」を基準にしたものです。また、評価される仕事の肩書にもばらつきがありますが、最近はトップ5にIT系の職業が入らないことはまずありません。たとえば、US NewsのランキングではSoftware Developerが3位と低めですが、IT系ではトップ10にほかにもComputer Systems Analystが7位、Information Security Analystが8位に入っています。

✔ 管理職でなくても年収の中央値は1,000万円を超える

それだけ高評価ならば、実際の給与額はどうでしょうか。前出のUS Newsによると、Software Developerの2013年のデータで年収の中央値は$92,660（1ドル115円で計算すると、1,066万円）、トップから10%に位置する人の年収は$143,540（1,650万円）です。前出のCNNは、より上級職となるSoftware Architectを取り上げているので、中央値は$124,000（1,426万円）、トップ10%は$169,000（1,944万円）です。これらは、部下を持たない、管理職ではないエンジニアの給与額です。

少々バブルっぽいとも言われていますが、21世紀に入って以来、ソフトウェアの需要はどんどん伸びています。リーマンショックなどの一時期を除いて、ソフトウェアエンジニア職は21世紀に入ってからずっと売り手市場が続いており、「別の会社で働きたい」「転職でキャリアアップしたい」と思った時に希望が実現しやすい状態です。また、エンジニア職は好きだからやっている人の割合がひときわ高く、勤務時間や服装、勤務場所まで自由度が高いので、ほかの職種に比べてストレスレベルがかなり低くなっています。

※3 The 100 Best Jobs　http://money.usnews.com/careers/best-jobs/rankings/
the-100-best-jobs

CHAPTER 01 あなたはアメリカに合っているのか

✔ 社会全体からも尊敬されている

　日本では『理系白書』という本も出版され、文系に比べていかに理系が冷遇されているかがたびたび話題になりますが、アメリカでは逆の傾向があります。プライベートでも多くの人が技術の必要性を強く感じ、技術者を尊敬していることが感じられます。それは、ホームパーティーなどで自分の職業を教えた時の反応からも伝わってきます。非技術者から見ると「あの難しいコンピュータがわかる凄い人」といった印象で、エンジニアは "クール" なのです。

　格差社会と言われる米国内で、エンジニアという職業は「選ばれた人たちの職業」と認識されています。上記のとおり高給なこともあり、多くの人にとっての憧れの仕事になっています。

✔ 外国人のハンディが少ない

　一方で、数学や科学の勉強が難しいために専攻するアメリカ人は減ってきており、有名企業で技術者として働くアメリカ人は減少傾向で、代わりに外国人がどんどん増えています。シリコンバレーでは、技術系ポジションでのアジア人の比率が 2012 年に 50％を超えました[4]。

　アメリカ人の技術の空洞化は、何年も前から問題になっています。大統領は理系教育の重要性を強調し、学校では STEM（Science, Technology, Engineering, Math）教育プログラムが推進されています[5]。code.org などで、小学生からプログラミングを教えようという試みが盛んに行われています。先日は、オバマ大統領が「コンピュータプログラミングをやった史上初のアメリカ大統領になった」と宣伝し、子どもたちにプログラミングを学ぶように呼びかけていました[6]。

　逆に言えば、「アメリカ人がやりたがらない難しい勉強を外国人が

※ 4　Asian workers now dominate Silicon Valley tech jobs　http://www.mercurynews.com/ci_22094415/asian-workers-now-dominate-silicon-valley-tech-jobs

※ 5　Science, Technology, Engineering and Math: Education for Global Leadership http://www.ed.gov/stem

※ 6　www.whitehouse.gov/blog/2014/12/10/president-obama-first-president-write-line-code

やって、エンジニアの需要を埋めている状態である」とも言えます。英語に難があったり、アメリカ文化を知らなくとも、外国人労働者として就きやすいポジションがソフトウェアエンジニアなのです。

✔ 転職が不利にならない

　日本では、転職は不利になる、特に「大企業でリストラに遭ったりすると、次の仕事では待遇面が大きく下がってしまう」とよく言われます。一方、アメリカでは人材の流動性が非常に高く、転職はあたりまえのことになっています。一番簡単に給料を上げる方法が転職であり、「クビになった後、次の仕事で給料が上がった」という話が非常によくあります。会社の規模に関わらず募集が多く、待遇面でも大きな差がないので、大企業も小規模スタートアップも転職先の候補になります。景気がよほど酷くない限り、自分の実力を維持していれば、職業選択の自由は常にあります。

　こういう例はシリコンバレーが極端になりがちなのですが、そうでなくとも「若い社員の平均在籍期間は2年ほどである」という話もあります[7]。今の仕事に不満があるからという理由だけではなく、「次のほうが条件が良さそうだから」「長い間ここにいたので、そろそろ変えたほうがいいから」といった理由で辞める人もたくさんいます。少なくともIT業界では、転職回数が多くても不利になることはありません。逆に、保守的な会社に長年勤めていたりすると、「他社に適合できないのではないか」と警戒されたりするぐらいです[8]。

✔ 自由で合理的な職場環境

　個人の目線で見ても、優遇されていることは日々の生活で感じています。会社は「エンジニアがいかに生産性を上げるか」に腐心してく

※7　www.forbes.com/sites/jacquelynsmith/2013/03/08/the-pros-and-cons-of-job-hopping/

※8　http://career-advice.monster.com/in-the-office/leaving-a-job/dont-stay-in-same-job-more-than-four-years/article.aspx

れるので、オフィスの居心地はおおむね良いです。「合理的に物事を進めよう」「その中で、個人の自由をできる限り尊重しよう」という雰囲気があり、ミーティングは極力少なく、出勤時間の拘束はほとんどありません。「今日は妻が熱を出したから」という個人的な理由で在宅勤務に切り替えても問題ありませんし、理由がなくても在宅勤務が可能です。服装はもちろんジーパン、Ｔシャツ、スニーカーでまったく問題ありません。夏には短パンにサンダルの人もたくさんいます。

ランチが無料の会社はどちらかというと少数派ですが、多くのソフトウェア系の会社ではコーヒーやコーラなどの飲み物はすべて無料です。飲み物以外にも、スナックを常に無料で食べられるようにしている会社は増えています。Google のオープンハウスに行った時には

「どの席からでも 150 フィート（46m）歩けば無料の食べ物が手に入るようにオフィスが設計されています」

という説明がありました[9]。

✔ キャリアパスの選択肢がある

伝統的な日本の会社では「プログラマ 35 歳定年説」などがあり、歳を重ねると自然に管理職に就くプレッシャーがかかってきます。また、管理職にならないと給料も一定額以上はなかなか上がりません。一方、アメリカでは「この年齢ならこの仕事」という制限が少ないことも魅力です。年齢での差別は禁止されているので、35 歳どころか 40 歳、50 歳を超えたエンジニアが平気でコードを書いています（ただ、年をとると新しい技術の動向についていくのが大変になってくるのは事実のようです）。

ほとんどの会社がマネジメント系と技術系の 2 つのキャリアトラックを用意しており、どちらでも仕事のレベルによって給料が上がって

※ 9 http://qz.com/97731/inside-googles-culture-of-relentless-self-surveying/

いきます。「マネージャーになって自分の部下の給料を見てみたら、自分より高給取りが何人もいた」ということも珍しくありません。私の経験では、今までに一緒に働いた最高齢の同僚は 78 歳で、測定器の UI 周りのコードを書いていました。

Column

趣味で幸せ度アップ

　仕事の話からは少し逸れますが、日本より海外で人気のある趣味を持っている人には、海外生活そのものがメリットになります。たとえば、キャンプなどのアウトドア活動が好きな人にとって、アメリカは素晴らしい場所です。アメリカの 4 大スポーツ（野球、アメフト、バスケット、アイスホッケー）のどれかが好きな人にも、アメリカは天国でしょう。

　もっとマイナーな例を挙げると、私はボードゲームとピンボールが好きです。どちらも、日本では「それってどういうものなの？」とよく聞かれてしまうようなマイナーな趣味ですが、アメリカではけっこう人気があるのです。毎週オフィスで就業時間後にボードゲーム会が開かれているので、気が向いた時に参加しては楽しんでいます。ピンボールのほうは、シアトル市内のいろいろな場所で定期的にトーナメントが行われています。さらに、年に 1 回ピンボールが数百台集まるイベントが開かれています。そのイベントに行って、ピンボールの音が鳴り響くホールに入ると、自分がアメリカに住んでいる幸運に感謝せずにはいられません。

アメリカで働くデメリット
— 外国人として生きていけるか？

✔ 外国人として働く

　日本の若者向けのシリコンバレーツアーなどでパネリストを務めた時に
よく聞かれる質問は「講演やメディアではアメリカで働くメリットばかり聞くのですが、デメリットはないんですか？」でした。私はいつも「外国人であること」と答えていました。

　まず、労働ビザの問題があります。第2章「どうやったら渡米できるか」でもう少し詳しく触れますが、法律の制限とビザの取得手続きの負担から、雇用は原則として自国民と永住者が優先されます。うまく採用されたとしても、永住権（グリーンカード）を得るまでは、ビザの種類によっては転職がしにくい状況になってしまいます。それを悪用して、立場の弱い外国人労働者を薄給で搾取しようとする悪徳企業も存在します。

　あなたはマイノリティです。職場には日本人はほとんどいません。会社内でのコミュニケーションのとり方は、言葉以外も変える必要があります。アメリカでは、日本より自己主張が求められるものの、「すべての場面で100％自己主張さえしていればいい」という単純な話でもありません。日本で30％ぐらい主張するのが適当ならば、アメリカでは70％ぐらいが適当なので調整したほうがいい、といった感じです。

　もちろん、最初から適切にできるわけがなく、弱気すぎてナメられたり、強気を演じすぎて人間関係が悪くなったりすることは起こるでしょう。日本で小さいころから積み上げてきた人との交わり方を、大人になってから少し崩して積み直すことになるわけです。

　そして、ようやくアメリカ式のやりとりに慣れてきたと思ったら、部署が変わって、今度は別の国出身の上司と、また違うスタイルのコ

ミュニケーションをとる必要が出てくることも起こります。当然ながら、有名IT企業には中国系やインド系をはじめとした移民がたくさんいます。私も、英語のネイティブスピーカーがいないチームで働いた経験が複数回あります（今現在もそうです）。シリコンバレーでは、家庭内で英語を話す世帯の比率が50％を切ったことがニュースになりました[10]。

✔ プライベートでも外国人

　仕事を離れても、あなたはマイノリティです。あなたが好きだった子どものころのおもちゃやテレビの話は、ほとんど通じません。逆に、アメリカ人同士が昔の話で盛り上がっていても理解できないことがよくあります。英語自体がわかったとしても、面白く感じられないジョークはたくさんあります。アメリカでたくさんの人が関心を持っている事件がなぜそんなに騒がれているのか、理解できないこともあるでしょう。特に、日本で「普通の人」として暮らしていた人のほうが、このショックは大きいようです。

　余談ですが、日本で「今、全米で大人気！」と言っているものをアメリカに住んでいながら全然聞いたことがない、という現象はごく普通のことなので、落ち込む必要はありません。

✔「外国語」を使ってコミュニケーションしなければならない

　もちろん、母国語で仕事や生活ができないこともデメリットです。ずっと日本で生まれ育った人ならば、いくら日本で英語の能力を褒められたとしても、アメリカに来たらまず「英語が下手な人」になってしまいます。英語を勉強して上手になったとしても、幼少期に海外生活をしたか、よほどの天才でもない限りは、「ネイティブのように話す」のはほぼ不可能です。

※ 10 Majority of Santa Clara County families speak foreign language at home
　　　http://www.mercurynews.com/ci_10534705

人間は、相手の優秀さや頭の良さの大部分を話し方（トーン、身振り、語彙や文法の正確さなど）で判断するので、会社内でのあなたの評判が日本で働いた時より低くなる可能性はかなりあるでしょう。また、渡米直後で英語が下手なうちは、ウェイターや店員、そして心ない同僚にバカにされてしまうこともあるでしょう。

アメリカに住む日本人をターゲットに、日本語でサービスを提供する日本人の不動産業者、会計士、コンサルタントなどもいます。英語に不安がある人にとっては非常に魅力的なのですが、中には相場よりずっと高い料金を請求する業者や、「何も知らない日本人を食い物にする」と言われても仕方のないような酷いことをする業者も存在します。海外で生き残るために「日本人という信用」を悪用する日本人も、残念ながら存在するのです。

✔ 管理職への昇進が難しい

女性の社会進出があたりまえになってきたころから、「ガラスの天井」の問題が指摘されてきました。女性が会社の中で昇進していこうとしても、はっきり見えない限界が設定されていて、それより上には行けないようになっている、という話です。「女性差別のせいである」とか「女性の育てられ方による行動の違いが上級管理職に向かないからだ」とか、いろいろ議論されています。はっきりとした証拠を伴った原因を特定するのが不可能なことが、問題をより難しくしています。

近年、ホワイトカラーの外国人労働者が増えるにつれ、女性だけではなく人種についても、同じ問題が指摘されています。Forbes の記事によると、Google、Hewlett-Packard、Intel、LinkedIn、Yahoo! の 5 つの IT 企業において、役員、管理職、従業員それぞれの人種の比率は以下の表のようになっています。

▼著名 IT 企業 5 社における役職レベルごとの人種分布（%）

	白人	アジア人	黒人、ヒスパニック、その他
役員	80.3	13.9	5.8
管理職	72.2	18.2	7.3
専門職	62.2	27.2	10.7

※ Forbes の記事「Asians hit a glass ceiling in Silicon Valley」(http://fortune.com/ 2015/05/06/silicon-valley-asians-report/) のデータを元に筆者が作成。

　「IT 企業のカフェテリアに行けば、たくさんのアジア人社員を見ることができる。しかし、役員の集団を見ると、問題に気づくだろう」

そんな言葉も記事では紹介されています。

　これについても、原因は 1 つではありません。すぐに人種差別を考える人もいるかと思いますが、原因はそれだけではありません。英語が母語でないことは、昇進において大きなハンディキャップです。また、アジア人の気質である「目上の人に従う」という行動様式が昇進を妨げているという意見もあります。

　もし会社役員になりたいと思っているならば、その希望をアメリカの大企業で実現するのは困難です。日本人が会社内で出世していく確率は、日本の会社のほうがずっと高くなります。ただ、アメリカで「ガラスの天井」に跳ね返されつつ経験を積んで、その経験を活かして日本支社または日本の別会社で昇進していく人も存在します。

✔ クビになる確率が高い

　メリットのほうで転職の自由の話をしましたが、それと表裏一体なのが、「会社が従業員をクビにする自由」です。アメリカの多くの州（シリコンバレーのあるカリフォルニア州、シアトルのあるワシントン州含む）では、"At-will employment"、つまり「従業員はいつでも理由なしに辞めることができる、また会社もいつでも理由なしに従業員

をクビにできる」という制度が認められています。

　だからといって、ある日突然、理由なしにクビになることはまずありませんが（そんなことをしたら、残った従業員が怖がって転職していってしまいます）、会社をクビになる確率は高くなっています。会社の業績が悪くなるとクビになりますし、自分が働けなくなってもクビになってしまいます。会社は守ってくれません。

　日本より転職が一般的なので、次が見つかりやすく、ダメージは比較的軽いかもしれませんが、やはり突然失業してしまうこと、自分が無職状態になってしまうことは大きなストレスになります。

✔ 家族と離れて暮らす

　渡米する場合、自分の配偶者や子どもとは一緒に引っ越すでしょうが、自分の両親や兄弟とは離れて暮らすことになります。アメリカならば緊急時には2日ほどで日本に戻れますが、地方によってはそれより長くかかりますし、親から見た心理的距離は大きくなります。

　私の友人には「親の死に目に会うのは諦めている」と言っている人もいます。「親が若くて元気なうちは自分が離れていても問題なかったけど、もう歳だし、近くにいたほうがいい」と日本に帰国した人たちも見てきました。

✔【田舎限定】食べ物の良し悪しは無視できない

　アメリカのどこに住むかによって違ってきますが、食べ物の問題もあります。やはり、日本食なしで生きていける日本人は少ないようです。田舎に住んでいる人が日本食の食材を調達し、自作する苦労には眼を見張るものがあります。

　普通のスーパーでは薄切り肉が買えないのでミートスライサーが自宅に置いてあったり、月に1回片道4時間かけて大都市の日本系スーパーまで買い出しに行ったり、「どこそこの小さい中国系の店には

日本のとんかつソースが置いてある」などの情報交換をしたり。日本では侘びしかったカップラーメンが、海外ではワクワクしながら食べるご馳走になったりもします。

その点、シリコンバレーやロサンゼルス、シアトルなどの西海岸の大都市周辺はものすごく充実しています。日本にあってもおかしくないクオリティの日本食レストランが多くあり、日本の食材を売っているスーパーも揃っています。「あそこに住んでも、海外に住んだとは言えない」とまで言う人もいますが、私も少し同意します。田舎に住んでいたころは、ラーメンを食べずに1年以上過ごしたこともあるので、オフィスから歩いて美味しいラーメン屋に行けるという今の自分の環境が信じられないほどです。

メリット > デメリット？　Then why not?

思いつくままにメリットとデメリットを並べてみましたが、どう感じたでしょうか。

「1つの項目がものすごく大事なので、ほかの項目は問題にならない」と思う方もいらっしゃるでしょうし、自分にとってのメリットとデメリットを足しあわせて比べてみる方もいらっしゃると思います。

私が渡米した時には、大きな決断をするためのテクニックとしてよく聞く「紙の左側にメリットを、右側にデメリットを書き出す」を実際にやりました。その時は、日本国内でも大企業のレイオフ（リストラ）が毎日ニュースになっていたので、自分が将来レイオフに遭う可能性を考えると「転職の自由がある」ことは私にとって大きなポイントでした。

アメリカで実際に働いている日本人にも、いろいろなスタンスの人がいます。「いずれ日本に帰るつもりなのか？」と聞かれることもよ

くあります。

「ずっとアメリカで暮らしていく。日本に戻る気はまったくない」

という、完全にアメリカのほうが合っている人もいれば、

「現状はアメリカのほうが利点が多いので住んでいる。しかし、いずれは日本に喜んで戻る」

というドライな人も少なくありません。

アメリカに引っ越してきたばかりの日本人を交えて話をしていると、ときどき「アメリカに合っている日本人エンジニアの条件」が話題になることがあります。印象論ではありますが、だいたいこんな感じのものが出てきます。

- ソフトウェアの本場で働きたいと思う
- ずっとエンジニアとしてコードを書いていたいと思う
- 会社と従業員は対等な契約関係だと思う
- 海外に住むのはカッコいいと思う
- 自分の仕事は難しいのだから、高給をもらえるべきだと思う
- 自分の専門を活かす職を日本で見つけるのは難しい
- 自分はどんな環境でもやっていけると思う
- 情緒より理屈で物事を考える
- たいていのことは自分でやってしまう
- 日本の○○のノリが苦手だ
- 日本の人間関係のウェットさが苦手だ
- お酒を飲めない

もしもあなたが「日本での自分の現状に完全に満足している、これ以上良い環境は存在しない」というならば、海外生活を考える必要はないでしょう。しかし、あなたが現状や将来に疑問を持っているのならば、そして上に挙げた「条件」に当てはまるものがあるのならば、もしかするとアメリカのほうが合っているのかもしれません。

　また、アメリカで何年か過ごした後に日本に帰る決断をする人も珍しくありません。そういうケースでも

「両方をよく知ったうえで、自分にとって一番良い決断ができた」
「海外での経験が、日本での良いキャリアにつながった」

という人は数多くいます。そういう人たちも、その滞在期間においては「アメリカが合っていた」と言えるのではないでしょうか。

シリコンバレーはメジャーリーグ？

　シリコンバレーをはじめとするアメリカのテクノロジー企業群をメジャーリーグにたとえると、不思議といろいろな共通点が見つかります。「そこで働くエンジニアが全員メジャーリーガー級である」という意味ではなく、「働く形態が似ている」という点についてです。少々与太話っぽいですが、働くイメージの助けになるかもしれません。

　まず、選手（エンジニア）は「リーグ全体」に就職します。野球選手をチームに振り分けるドラフト制度はありませんが、一度シリコンバレーのテクノロジー企業に就職したら、リーグ全体に就職したような感じです。そして、選手はどのチームに所属しても、やることはあまり変わりません。

　野球選手がチームを移籍するように、エンジニアも転職という名の

"移籍"を頻繁に行います。移籍のたびに高給がさらに高い金額になっていったりもします。1つの会社でずっと勤めあげるほうが珍しいぐらいですが、中には選手の定着率が高いアットホームなチームもあります。年俸が低い弱小チームに所属していても、実力が認められれば、高年俸で強豪に移籍できます。売り出し中の若手が強豪に移籍することはもちろんありますし、ピークを過ぎた名選手が強豪から中堅チームに移籍していくこともよくあります。

　強豪チーム同士で人材のやりとりが頻繁に起こります。シリコンバレーにはたくさんのビッグチームがあるのですべては挙げませんが、シアトル方面ではAmazon、Microsoft、Google（支社）が3大企業になっているのに加え、Apple、Facebook、Twitterなどが人材を求めて支社を開いています。こういった有名企業の間で人材がピンポンのように行き来します。一度出て行ったチームに出戻る形で復帰することもよくあります。

　ここで少し「メジャーリーグ」のたとえから外れますが、有名企業で働き始めると、スカウトからの誘いが来やすくなります。私の場合、Amazonに転職した途端、Microsoftのリクルーターからメールが山のように来るようになって驚きました。しかし、リクルーターから連絡が来ること自体は特にすごいことではありません。リクルーターは空きを埋めることだけが目的なので、「数撃ちゃ当たる」の精神で次々と声をかけて、そのうちの何人かが技術面接を突破できれば儲けもの、という感じで動いているからです。

　本当に凄い人には、技術試験なしで「入社してください」と本当のスカウトが来ます。ずば抜けた実力を持つ天才にとっては、働き先は本当によりどりみどりです。

　しかし、メジャーリーグと似ているのは、ポジティブな面だけではありません。

まず、給料は高いものの、選手寿命はあまり長くありません。メジャーリーグでも40歳以上の選手はそれだけで冷遇されがちですが、50歳以上のエンジニアにも似たようなことが起こります。実際、平均年収も40代がピークで、50代では少し低くなっています[11]。

　もちろん、実力を維持できれば続けていけますが、次々と新しい技術が出てくる中、「実力」の定義もどんどん変わっていきます。衰えが来て実力を発揮できなくなれば、戦力外通告が待っています。

　移籍には実力だけでなく、運も大きく影響します。本人に実力があっても、チームの台所事情、会社の業績のためにレイオフに遭うことは避けきれません。

「1時間以内に私物をまとめてくれ」

といった形式まで、野球選手の戦力外通告に似ています。

　次の会社に移るとき、年齢による差別は禁じられていますが、やはり年をとると移籍も30代のころのようにスムーズにはいかなくなってきます。50歳を過ぎてからの再就職は大変です。会社の業績が安定しているために大過なく過ごせる場合ももちろんあるので、高齢になってからのレイオフは野球選手の怪我にたとえられるでしょうか。強靭な肉体と精神力を持っている選手はまた復帰できますが、それをきっかけに選手生命を終えてしまう人たちもいます。

　こういう話を聞いた後でもアメリカに魅力を感じる人は、本当にアメリカに向いていると思います。レイオフなどのアクシデントに遭うことなく過ごしていける人も大勢いるので、「リスクにはとりあえず目をつぶって、トライしてみる」という精神も大事です。今現在、シリコンバレーなどで活躍しているプレイヤーたちは、楽観的に日々の生活を楽しんでいます。

※ 11　Silicon Valley's Dark Secret: It's All About Age
　　　http://techcrunch.com/2010/08/28/silicon-valley%E2%80%99s-dark-secret-
　　　it%E2%80%99s-all-about-age/

Column

子どもは簡単には
バイリンガルにならない

　自分の子どもが英語を話せるようになることも、アメリカに住むことのメリットの1つです。しかし、それは「アメリカに住みさえすればタダで得られるメリット」というわけではありません。普通に日本に住んでいる子どもより英語が上達するのはそのとおりなのですが、大きなコストとリスクがあるのです。

　たとえば、小学生の子どもを連れてアメリカに移住したとします。数年間も住めば、子どもの英語はかなり上達するでしょうが、それは楽して身につけられる"無料特典"ではありません。子どもは、英語がまったくわからない状態で、英語だけですべてが進む教室に1人で臨むことになります。まったくコミュニケートできない状態なので、最初は友達を作るのは難しいでしょう。話が通じないので、いじめのターゲットになるリスクも高くなります。いろいろなことが思うようにいかず、日本で培った自信を失ってしまうかもしれません。

　極端に言うと「英語を話せるようにならないと生き残れない状況」に無理矢理置かれるので、そこで生き残るために英語を身につけていくのです。これは、子どもにとって非常に大きいストレスです。日本では友達がたくさんいたのに、アメリカでは数年経っても友達ができていないような子どももいます。

　逆に、クラスでお世話係になってくれた子が親切に友だちになってくれたり、英語が第二言語の子ども向けのESL（English as Second Language）クラスで友人ができたおかげでスムーズに溶け込めた、というケースもあります。良い友人に恵まれるのが大事なのは日本にいる

時と同じですが、うまくいく可能性はやはり低くなってしまいます。

　小さい子どものほうが、大きい子どもより比較的早く環境に順応しやすいようです。小さいころのほうが言語の習得が早いだけでなく、クラスメートの英語もそれほど複雑になっていない時期なので、英語ができないことの影響が比較的少ないという理由もあるようです。そういう観点からも、アメリカに移住するならば早めに実行したほうがいいのです。

　ただし、小さいころから英語を習得すると、もう1つの問題が深刻になりがちです。子どもが英語ばかり話すようになり、日本語がおろそかになってくるのです。

　現地の学校では常に英語を話すし、友達も英語を話すので、自然と子どもの心のなかでの英語の優先順位が日本語より上になってきます。親とは日本語で話していても、家庭内の日常会話は限られています。子どもが日本語で会話する量より、学校その他で先生や友達と英語で会話する量のほうがずっと多くなってきます。「英語でなら表現できるけど、日本語では言い方がわからない単語や言い回し」が増えてきて、だんだん英語で話すほうが楽になってきます。子どもが学校に通い始めると、家庭での会話に英語が混ざるようになるまで1年かかりません。

　地域によっては日本語補習校も存在するので、日本語能力維持・向上の助けにはなります。しかし、補習校は週末1日しか授業がないので、授業だけで日本の学校の1週間分を消化することは不可能です。その差を埋めるためには、膨大な宿題をこなさなくてはなりません。

　ある程度子どもが大きくなると、

　「ほかのクラスメートは土曜日が休みなのに、どうして私だけ学校で勉強しないといけないの？　なんでみんなの2倍以上の宿題をしないといけないの？」

という質問が出てきます。子どもの視点から見るともっともな疑問です。

　私の友人で、すでにアメリカ永住を決意している日本人の中には、「日本語は特に教育しない」とはっきり決めている人もいます。

　「アメリカで生活するならば、日本語を苦労して習得させるのは時間の投資効率が悪すぎる。日本語を諦めたほうが子どものために良い」

という、その人の判断です。

　私の知り合いで、5歳のころからアメリカにずっと住んでいていて、高校卒業まで補習校に通って日本語をずっと勉強していたという日本人がいます。その人は、普段の生活では完璧に日本語を操ることができますが、現在日本語を使う機会は日本人と遊ぶ時だけで、仕事にはまったく役に立っていないそうです。それでも、

　「自分が普通の日本人並みの日本語能力があることは誇りに思っているし、日本語の勉強に費やした時間が無駄だとは思っていない」

と言っています。

　また、アメリカで生まれ育った中国人の同僚は、中国語の会話はほぼ完璧ですが、読み書きはほとんどできないそうです。中国語の会話ができるようになった秘訣は

　「親は家の中で中国語以外で話すことは認めず、こちらが英語で話したことはすべて無視したこと」

だそうです。それが多言語をマスターさせる唯一の方法だ、と彼は言っています。

035

私はといえば、小学校低学年の娘と話すときはいつも日本語を使っていますが、娘から返ってくる言葉は英語の時が40％、日本語の時が60％といったところでしょうか。娘が英語で言っても日本語で言い直させたりはせず、私のほうが日本語で言い直して聞かせながら会話しています。片方が英語、片方が日本語を話して進んでいく会話は、傍から見るとかなり奇妙ではないかと思います。

　今のところは日本語補習校に通って、宿題もやっていますが、いずれ必ず訪れる「もう日本語は勉強したくない」という言葉が出てきた時、日本語を強制するべきか、「日常会話＋αができれば十分」と割り切るか、まだ決めかねています。

　ここで、親としても大きな疑問が湧いてきます。

　「もし自分の子どもがアメリカで成長し、アメリカで大人になって生活していくのだとしたら、日本語ができることがどれぐらい本人のためになるのか？」

というものです。学校の授業、宿題、漢字の書き取り練習などに通算何千時間も費やすのと、きっぱり割り切ってその時間をほかの勉強やスポーツに充てるのと、どちらのほうが本人の将来のためになるのでしょうか？

　その答えは、私にはわかりません。思うところをすべて書こうとすると、これもまた1冊の本になってしまう気がします。

どうやったら
渡米できるか

CHAPTER 02

日本での仕事の実力がしっかりしていても、すぐに渡米して職を見つけることができるとは限りません。渡米することを考えてみると、まずは英語が心配、そして少し聞いたことのある「ビザ」というものを取得するのが大変らしい、という認識の人が多いのではないでしょうか。実際、この2つの問題で苦労している実話はたくさん存在します。

　この章では、英語についての私の考えと、ビザの話に絡めてよくある3パターンの渡米方法をお話します。渡米方法の違いによって、必要な英語能力も、ビザ取得の難易度も大きく変わってくるのが重要なポイントです。自分が渡米するときにはどの方法が一番現実的か、考えてみてください。

「どれぐらい英語ができればいいんですか？」

　これは、非常によく聞かれる質問です。はっきりと「TOEICならXXX点、TOEFLならYYY点あればOKです」と言えれば簡単でいいのですが、もちろんそういうわけにはいきません。どういう会社に、どういうポジションで就くかによって、最低限必要なレベルは違ってきます。

✔ ソフトウェアエンジニアは一番英語能力が問われないポジション

　じつは、ソフトウェアエンジニアは、ホワイトカラーの中で一番英語能力が問われないポジションです。その一因として、海外から来るエンジニアの比率の高さが挙げられます。上手に話せることに越したことはありませんが、日本で英語を勉強するよりは現地に住んで勉強したほうが上達のスピードはずっと速くなるので、早いうちに移住したほうが英語の面では良いことも確かです。また、「もっと英語が上

達してからチャレンジしたい」と言っている人は、いくら上達しても「もっと上達してから」と考えがちです。そう考えてると、いつまでたっても「十分に上手だ」と思う日は来ないかもしれません。私は渡米して10年を過ぎていますが、「もっと英語が上手だったらいいのに」と毎日思っています。

　留学ならば、目安のTOEFLの点数を取ればOKでしょう。駐在する場合には、社内規程を満たせばOKでしょう。しかし、入社面接を受ける場合には、面接官の話す内容を理解して、コードを書き、そのコードの内容について説明する必要があります。それは、TOEICやTOEFLの点数と相関はありますが、完全に同じではありません。"英語ペラペラ"でなければいけないかというと、そういうわけでもありません。

　面接官はノンネイティブスピーカーと働くことには慣れているので、英語のアクセントやまちがいにはかなり寛容です。私が面接官をした時も、英語がかなり下手な候補者に合格点をつけたことは何度もあります。発音は理解できるレベルならOK、意味が通じるレベルに達しているならば文法的なまちがいも問われません。

✔ シリコンバレーは一番英語能力が問われない場所

　シリコンバレーには、非アメリカ人がたくさんいます。2010年に、シリコンバレーの技術者の半数以上がアジア人になりました。アジア人が50.1%、白人は40.7%です[1]。

　もちろん、この中にはアメリカで生まれ育ったアジア系アメリカ人も含まれますが、移民一世も多く含まれます。英語のうまさについての調査データはなかなか見つかりませんが、技術を武器に移住してきた人たちはあまり英語能力を問われていません。「ある程度会話が成り立って、しっかりしたコードを書ければOK」とも言えます。

※1　Asian workers now dominate Silicon Valley tech jobs
　　　http://www.mercurynews.com/ci_22094415/asian-workers-now-dominate-silicon-valley-tech-jobs?source=infinite

アジア人の数があまりに多いので、アジア人があからさまな人種差別をされることはまずありません。英語が得意でない人も多いので、英語に少し難があっても問題にされることは非常に少ないです。シリコンバレーは「アメリカで一番英語能力が問われない場所」とも言えます。

ただ、もちろん、シニアエンジニアやマネージャーに昇進していくためには、効率的な情報伝達が必須です。入口の最低基準は低くとも、上の立場に上がっていくには、働きながら英語能力を向上させていく必要があります。

✔ 一番大事なのは「情報伝達速度」

では、何が必要なのでしょうか？

私が以前から考えている一番大事な指標は、「情報伝達速度」です。仕事をする際も面接を受ける際も、相手の言っていることを理解し、自分の考えていることを伝える情報伝達が肝要です。

「英語の発音と文法は完璧だけど、説明が下手で、普通の5倍の時間かかってなんとか説明できる人」

と、対照的に

「発音も文法もまちがいだらけで、ゆっくりした話し方だけど、説明のロジックはすっきりしており、普通の2倍の時間をかければ説明できる人」

がいた場合、同僚として一緒に働きたい相手は確実に後者です。

英語で書いてある面接対策本や、英語の面接問題のWebページを読んで、まずは英語の問題の内容を理解してみましょう。そして、答

えの解説を読み、その内容を自分が日本語で説明する場合の3分の1の速度で英語で説明できるぐらいのレベルを目指してみましょう。「3分の1」という数字は感覚的なものでしかありませんが、その辺が周りをイライラさせるか、させないかの分岐点だと思います。半分の速度ならほとんど問題ありませんし、もちろんネイティブ並みのスピードならば完璧です。アクセントのきつい英語でマシンガントークする外国人もたくさんいます。

✔ 日本人の英語能力は高い

　「日本の学校で6年間英語を勉強しても、話せるようにはならない。日本の英語教育の欠陥は……」

という意見をよく耳にします。気持ちはよくわかりますが、私はむしろ、日本の英語教育のおかげでアメリカで働けるぐらいの英語が身についたと思っています。

　たしかに、英語を話したり聞いたりすることに重点を置いた教育はしていないので、すぐに会話ができるようにはなりません。しかし、受験勉強で英語をしっかりやった人たちならば、豊富な語彙としっかりした文法知識があるので、専門用語を調べるための辞書さえあれば、英語の学術論文でさえも読み解くことができます。これは、英語を外国語として勉強している人としてはものすごいことです。

　私の元同僚の日本人も、渡米直後は英会話に問題が多く、アメリカ人をはじめとする同僚たちから少し低く見られていました。しかしある時、仕事に必要な英語の論文を読んでいたところを同僚に見つかり、

　「大学院に行っていないとわからないような論文が読めるのか」

と聞かれ、自分が大学院を出ていること、そして英語の問題さえクリ

アすれば理解できることを伝えると、それから周りの扱いが変わったそうです。

英語の文法などを知ることなく、自分の耳で「生きた英語」を聞いて丸暗記して話せるようになる、いわゆる"ストリート英語"を身につけようとすると、いつまでも単純な文法まちがいを繰り返したり、難しい単語を使うことがなかったりして、何年経ってもプロフェッショナルな英語には到達できません。反対に、日本での教育ですでに語彙と文法を身につけた日本人は、その知識を会話で活かせるようにするためのコツをつかめば、仕事で使うレベルの英語が比較的早く使えるようになります。

たとえるなら、「ネットワークのバックボーンはできたけれど、ラストワンマイルが完成していない」というのが、受験勉強などをしっかりこなした日本人の英語の状態で、最後を直せば高速通信が可能になるわけです。しばらくのうちは「発音に難が残る」とか「日常会話の言い回しを知らない」などの問題が残るのは確かですが、エンジニアが仕事をするうえでは、その辺は大きな問題にはなりません。

最後のラストワンマイルをつなげるために必要なことは、やはり英語のインプットとアウトプットを多くすることです。最近はネット上でのリソースの充実が素晴らしすぎて、

「昔この環境があったら、どんなに良かったか……」

と老害的なことを思ってしまうこともしばしばです。渡米前の私は、英語字幕付き DVD とネット上の Web 記事を読むことでかなり上達しましたが、今ならば以下のものが非常に有効だと思います。エンジニアの英語上達の近道は、「英語の勉強」をするのではなく、「エンジニアとして自分が普段やっていることの一部を英語で置き換えてしまう」ことではないでしょうか。

- Coursera[※2] で興味のあるコンピュータサイエンスの授業のビデオを英語字幕付きで見る
- 興味のある TED[※3] のプレゼンテーションを字幕付きで見る。特に、気に入った内容と喋り方のものを見つけて、ほぼ覚えてしまうぐらい繰り返し見る
- テック系の記事を英語で読む。ハードルが高いならば、日本版 TechCrunch[※4] などの翻訳記事を先に読み、それから英語の原文を読む
- オープンソースソフトウェアのプロジェクトに参加して、英語で議論を読む、議論に参加する

※2 Coursera　https://www.coursera.org/
※3 TED　https://www.ted.com/
※4 TechCrunch Japan　http://jp.techcrunch.com/

Column

■英語が下手でも夢に見るし、喧嘩はできる。
意図せずに相手を怒らせたら上達の証？

どれぐらい英語ができるようになれば「英語をマスターした」と言えるのでしょうか？

よく、「英語で夢を見る」「英語で喧嘩ができる」といった現象が英語マスターの証、と言われます。私も、日本に住んでいたころはそうだろうと思っていました。しかし、アメリカに住み始めて、そうではないことがすぐにわかってしまいました。

アメリカに住み始めて1週間ぐらい経った時に、英語の夢を見ました。新しいアメリカ人の同僚と英語で仕事の話をしている夢でした。目が覚

めた時に思ったのは

「え？　俺、英語の夢を見た？」

でした。日々の英会話に苦労する1週間を過ごし、どう甘く見ても"英語をマスターした"とは言えない状態だったのです。英語の夢を見るという「夢」が叶ったので一瞬喜んだのですが、すぐにそれはしぼんでしまいました。何というか、

「ずっと欲しいけど手に入れるのは無理だと思っていたものが、ある日突然手に入った。一瞬喜んだけど、いざ手にしてみると思っていたものとは全然違っていた……」

と言えば伝わるでしょうか。

　自分だけに起こった珍しい現象だったのかと思い、非アメリカ人の同僚や日本人の知り合いに聞いてみると、皆同じような経験をして、皆同じようにがっかりしていたことがわかりました。何のことはない、実生活で英語で話す知り合いができて、その人が夢に出てくると、夢の中でも英語で話すだけなのです。当然、自分も英語で話すのですが、夢の中だからといって特別上手になったわけでもなく、実生活と同じ、もどかしさを感じながらの会話でした。

　「英語で喧嘩」については、たしかに「英語で夢」よりは難易度が高いとは思います。しかし、それが"英語をマスターした証"と言えるかというと、そういうわけでもありません。たとえ英語が下手でも、極端な話、英語が話せなくても、こちらが怒っていれば、簡単に相手に伝わります。その怒りが相手に向かっていることも、簡単に伝わります。相手と怒りをぶつけ合うだけならば、たいした英語は必要ないのです。

　おかしな話ですが、私が英語の上達を実感したのは、気づかずに相手

を怒らせてしまった時です。ミーティングでお互いの進捗報告をしていて、チームメンバーから

「○○の機能がすぐ追加できるが、必要か？」

と聞かれました。それに対して

「いや、××がきちんと動いていれば、しばらくは問題ない」

と言ったところ、明らかに怒ったような口調で

「なんだ、××が動いてないとでも言うのか？」

となってしまいました。

　その場で、「××は問題なく動いている、だから自分は問題ない」と説明したあとで、ミーティング後に自分の言い方に問題があったのか、怒ってしまった本人に確認してみました。すると、私がはっきりと「××が動いていない」と言ったわけではなかったが、私の言い方のニュアンスがそう感じさせた、とのことでした。

　もちろん、私の英語の問題で、まちがったニュアンスを感じさせる話し方をしたのが誤解のもとだったわけですが、同時に喜びを感じてしまいました。ものすごく稚拙な英語で失礼な物言いをしてしまったとしても相手は怒らないからです。たいていの人は、こちらが悪意を持って言ったとは解釈しません。子どもと話すときのように、やさしく、ゆっくりと意図を確認してくれます。その時の私が英語で話したことの「ニュアンス」で彼が怒ったということは、彼と私とのやりとりが、英語がバリアになるような段階を超えたということだと思ったのです。

おそらく、彼はこんな些細なことはもう覚えていないでしょうが、私にとっては大きなマイルストーンでした。

立ちはだかるビザの壁

ほとんどの国で、外国人が働くにはビザ（労働許可証）が必要です。「仕事の実力は十分にあるのに、アメリカで働けない」というケースは、たいていビザの取得がうまくいかないのが理由です。

アメリカの会社が自分を雇用すると決めると（面接に通ると）、会社がビザを申請してくれます。ここでは簡単に、エンジニアが取得することの多いビザについて説明しますが、ここに書いてあることがすでに古い情報になっている可能性もあります。移民法とその運用ルールは頻繁に変わるので、必ず移民法に詳しい弁護士に相談してください。雇用主を通じて相談できることもあります。

✔ H-1B ビザ（Professional Workers）

高度な専門職を持つ人に発行されるビザです。普通にエンジニアとしてアメリカの会社に就職すれば、このビザを取ることになる可能性が一番高いです。2015 年現在では 1 年間に発行される枠が決まっていて、先着順で埋まってしまえば次の年まで発行されません。ただし、アメリカの大学の修士号取得者には追加の特別枠があります。

ビザの受付は毎年 4 月に開始されますが、発行は 10 月です。10 月以降も枠が埋まっていなければ問題はないのですが、酷い年には受付開始の 4 月 1 日に枠の 2 倍を超える応募があって、抽選でビザが発行されたことがありました。この 6 ヶ月のギャップのために、日本から直接アメリカの会社に就職するのが難しくなっています。

CHAPTER 02　どうやったら渡米できるか

✔ L-1 ビザ （Intracompany Transferrees）

アメリカ国外で就労経験がある人が、社内転勤でアメリカに来ると
きに発行されるビザです。特に枠などの制限はないので、アメリカに
駐在する人などはこのビザになることが多いです。前述の H-1B ビザ
が取れない場合、日本やカナダでまず 1 年間働いて、それから L-1 ビ
ザを取得してアメリカで働き始める、というパターンもあります。

✔ O ビザ （Persons with Extraordinary Ability）

突出した能力のある人に発行されるビザです。論文を数多く出して
いる研究者などが当てはまります。このビザの要件を満たしているな
らば、日本から直接雇用される可能性はかなり上がります。

留学後に現地就職
―ヤル気と能力があれば一番確実

どうしてもアメリカで働きたい場合、一番の王道は、留学から現地
で就職に進むパターンです。大学から留学してアメリカの大学を卒業
してもいいし、日本で大学を卒業してからアメリカの大学院に入るパ
ターンもあります。また、社会人になってから会社を辞めて留学する
人もいます。「日本で修士を取っているけど、アメリカで修士を取り
なおす」という人も多くいます。日本で修士を取ったからといって、
アメリカで Ph.D を取ろうとすると 3 年で取れることは少なく、それ
はまた大変な苦労をすることになるので、自分の目標に応じて最適な
ものを選びましょう。ただし、Ph.D を取得すれば、それに応じた良
いポジションがアメリカ国内に多く存在することも事実です。

大学と大学院のどちらから始めるのがいいかは、一概には言えませ
ん。ただ、やはり若いうちに留学したほうが、英語の上達度合いは高
くなるし、友人もできやすく、よりアメリカ社会に溶け込んだ状態で

047

社会人生活をスタートすることができます。大学院で修士を取る2年間だけだと、環境に慣れつつ必死に勉強することになるので、短い期間で密度の高い生活を送ることになります。また、大学院だと奨学金をもらいやすいことと、ティーチングアシスタントまたはリサーチアシスタントとして学内で給料をもらえる機会が多くあるので、学費は差し引き無料になったり、かなり安くなったりするメリットがあります。アメリカの大学の学費は日本よりずっと高いので、奨学金をもらえないと経済的負担が深刻になります。

　留学に成功した後は、在学中にインターンを通じて仕事のオファーをもらったり、卒業前に面接を受けてオファーをもらいます。有名大学だと、さまざまな企業がリクルーティングイベントで大学に来てその場で面接してくれるので、かなり有利になります。卒業時点でビザの取得が済んでいない場合でも、卒業後1年間のOptional Practical Training（OPT）というトレーニング期間中はビザなしで働けるので、働きながら会社にビザ取得の手続きをしてもらうことができます。

　学生の間では、人気企業に入る一番簡単な方法は「インターンを通じた雇用」であることが常識になっています。実際、インターンのための面接は短く、問題は基本的なものが多く、基準がゆるくなっています。ゆるめの面接を通ってインターンで入った後は、数か月働いた結果でオファーを出すかどうかが決まります。やはり人間の感情として、一緒のオフィスで働いて仲良くなった相手のほうが、面接で1回会うだけの相手よりも評価が甘くなりがちです。噂では、ほとんどの大企業で70〜80％ぐらいのインターンが正社員のオファーをもらえるそうです。さらに、インターンで卒業前にオファーをもらっておくと、ほかの会社の面接を受けるときのアピールになるというメリットもあります。

　時間と金銭の負担は大きいですが、十分に能力がありヤル気もある人ならば、この経路が一番確実にアメリカでの就職につながります。

英語に不安がある人も、留学中に英語をがんばって上達させれば卒業前に必要レベルに到達できるので、面接時や就職後の苦労は少ないかもしれません。

　ただし、会社を辞めて留学するパターンでは、アメリカでの就職に失敗した場合、日本に戻っても年齢の問題で就職が難しくなるというリスクは存在します。

日本で就職後に移籍
――一番簡単、でも運任せ

　「アメリカで働けるといいなと思っているけど、日本でずっと働くのもそんなに悪くない」

　そんな人には、このパターンが適しています。アメリカに本社がある外資系か、アメリカに支社がある日本の会社に入社して、いずれ海外へ社内移籍するという方法です。

　「最初は海外で働くことなど考えていなかったものの、駐在でしばらく経験を積んだら気に入ったので移籍した」

という人も少なくありません。

　この方法のメリットは、何といっても簡単なことです。アメリカの会社の面接を突破し、ビザの問題もクリアして、直接雇用されるハードルはやはり高いものです。それよりは、日本で働いて仕事の実績を武器に移籍するほうがずっと簡単ですし、前述のL-1（社内移籍）ビザでビザ問題もクリアされます。日本で会社の文化や仕事の進め方に慣れてから移籍するので、これ以上ないソフトランディングができます。ルールは会社によって違いますが、面接などの試験をまったく受

けずに済むかもしれません。もともと同じ会社の社員なので、少し英語が不安でも働きながら実地でトレーニングできます。もし駐在で赴任できれば、移籍するか日本に戻るかの決断を実際に数年働いてみながらゆっくり考えることができます。

　デメリットは、実現が運任せなことです。どんなに仕事の実力があっても、その時の会社の方針や状況により、移れないこともありえます。私は運良く入社後数年で駐在のチャンスをもらえましたが、日本で私とまったく同じ部署に配属になった後輩たちの中には、実力は申し分ないのに海外勤務のチャンスが訪れなかった人たちがいます。一度駐在が決まった後にキャンセルになってしまった人もいて、「キャリアの多くは運」だとしみじみ思ったこともありました。また、海外移籍を推奨する会社もあれば、原則禁止の会社もあります。経済状況や方針の変更などで、移籍制度が廃止になったり休止になったりすることもあります。

　少し具体例を挙げます。2015年現在、Googleなどは社内の移籍は自由だそうで、このパターンで東京支社からシリコンバレーの本社やシアトルの支社に移籍して働いている日本人は多くいます。Microsoftや Oracle では、2000年代前半に日本からアメリカへの移籍ラッシュがあったようで、似た年代の日本人が多く働いています。しかし今では、日本マイクロソフトでは研究開発エンジニアのポジションは以前よりかなり少なくなってしまっているので、ソフトウェアエンジニアとして日本法人に入ること自体が昔よりずっと難しくなっています。Amazon では、日本から移籍する道は特に用意されていないため、本社で働く日本人エンジニアはほとんどがアメリカでの直接雇用で、人数はあまり多くありません。

　私の場合、移籍を考え始めたころは、当時の会社の経済状況により移籍休止の期間が長く続いていて、移籍は不可能な状態でした。それが解除されたわずかな期間にたまたま良い移籍先のチームが見つかり

ましたが、その直後にまた長い休止期間に入ってしまいました。その時のチャンスを逃していたら、今でも日本にいたかもしれません。

この方法では、自分から希望して異動するパターンもあれば、日本でやっていたプロジェクトがアメリカに移管されるために

「日本でチームを変えるか？　同じチームで勤務国を変えるか？」

という決断を迫られることもあります。これもまた、運が大きく影響します。

日本から直接雇用
――ハードルが一番高く、運も必要

日本に住んでいる状態で、アメリカの会社に直接応募して採用されるのは非常に難しいです。その理由は、おもに2つです。

まず、面接のコストが大きいです。特に人気の大企業には、1週間で万単位の応募があります。すでにアメリカに住んでいる人たちのレジュメも十分魅力的なのに、わざわざ海外に住んでいる人を普通のプロセスで検討するメリットはあるでしょうか？　電話面接をした後、国際線の飛行機代その他を払って、わざわざオンサイト面接に来てもらう労力と金銭的コストもあります。また、就職と同時に海外生活を始めるとなると、生活が回り始めるまで時間がかかります。「海外生活に順応できないかもしれない」というリスクもあります。

さらに、面接を通過できた場合でも、ビザの問題があります。H-1Bビザの枠に余裕がある年ならば問題ないですが、好景気の年ならば大変です。4月にビザを申請して、10月に発給されるまで、半年待たなくてはなりません。「このチームの人員が足りないから雇い

たい」という場合、半年も待つことはまず不可能です[5]。

　雇用側がそれらの困難を乗り越えてでも、日本に住んでいるあなたを雇いたい理由はなんでしょうか？

　まず思いつくのは、あなたの実績が特別優れているので、名指しでスカウトしたいケースです。業界で有名なプロダクトを作ったり、オープンソースソフトウェアに多大な貢献をしていれば、ある日突然、驚くようなところから声がかかるかもしれません。そこまでいかなくとも、オープンソースの活動を通じて知り合いを作り、その人の会社に推薦付きで紹介してもらうケースもあります。もしあなたが前述のOビザを取得できる（著名な論文誌や学会の掲載実績があるなど）場合は、ビザの問題がなくなるので、可能性がかなり高くなります。

　もう1つのケースは、日本人を雇いたい場合です。アメリカにありながら日本を相手にしたビジネスをしている会社や、もともと日本人が作った会社で日本人を増やしたいときなど、日本人を直接雇う場合があります。その会社に元同僚などの知り合いがいると、スムーズに事が進みやすくなります。単純に、「友達がアメリカで働いていたので、相談してみたら話が進んだ」というケースもあるようです。

　また、稀にですが、会社のほうから日本に出向いて「リクルーティングイベント」を行うこともあります。Web などであらかじめ告知して、レジュメを集めて書類選考を済ませてから、面接官が日本まで出張に来て、短期集中で数十人の面接を行います。少し古い例になりますが、2011 年に Twitter が東京でイベントを行いました[6]。

　どのパターンも、良いタイミングで良い縁に恵まれるかが大きなウェイトを占めます。タイミングが非常に限られるので、タイミングが

※ 5　ただし、アメリカ国外にも支社を持つ多国籍企業ならば、ビザ問題の回避策
　　　はあります。最初は、日本やカナダなど、ビザの制限がゆるい支社で 1 年働
　　　き、その後で L1 ビザ（社内移籍ビザ）を申請してアメリカで働き始める方
　　　法です。そのために、カナダに支社を作っている会社も存在します。
※ 6　https://blog.twitter.com/ja/2011/10yue-nozhou-mo-dong-jing-
　　　nitesanhuransisukonotwitterben-she-dedong-kuenziniacai-yong-mian-jie

来た時に準備ができている状態にしておくことと、強運が必要になってきます。

そして、渡米の道がうまくいかなかった場合のバックアッププランを考えておくことも重要です。たとえば、期限を決めて就職活動をして、期限内に実現しなかったら留学か社内移籍のパターンに移行する方法です。

経済的な問題も時間的な問題もなく、自分の実力に自信があるならば、1番目の留学が確実です。収入を途切れさせたくないなら、現在の会社で移籍を目指すか、移籍の成功率を上げるために日本国内の他企業に転職することなどが考えられます。転職の際に、近い将来のアメリカ勤務を入社条件にしてもらう人もいます。会社の都合で将来の転勤は実現しなくなってしまう可能性もありますが、日本で働いていれば収入はあるので、もし直接雇用が叶わなかった場合のバックアッププランとして「そのまま日本で働き続ける」という選択肢もありえます。

雇用とは別に永住権・市民権を得る

これまでに触れたビザで働くよりも稀な例ですが、雇用とは別に、永住権や市民権を得る人たちもいます。ビザの心配なく、アメリカ人とまったく同じ土俵で勝負できることになるので、使える立場にいるならば積極的に使ったほうがいいでしょう。

✔ 抽選による永住権

毎年、アメリカ政府が申込者の中から抽選で永住権を付与する制度です[7]。移民の数が少ない国からの応募のほうが当選する確率が高いようで、日本人が当たる確率はそれほど高くはありません。

※ 7 http://www.usadiversitylottery.com/

私もビザで働いていたころは毎年応募していましたが、4回ぐらい
の応募すべてがハズレでした。その頃は確率が1〜2%ぐらいだと言
われていました。会社の移民手続きをサポートしてくれていた弁護士
も、毎年応募することを勧めていました。

✔ アメリカ人との結婚による永住権

　アメリカ人の恋人と結婚を考えているならば良いオプションです。
アメリカに留学すると、このオプションが現実味を帯びてきます。も
ちろん、永住権目的で（偽装）結婚することは違法です。
　ビザを使って働いている会社からレイオフされて、その日に恋人に
プロポーズして結婚、幸せな生活を送っている猛者もいます。

✔ 出生による市民権

　親の仕事の都合などで子どもがアメリカで生まれると、その子ども
は自動的にアメリカ人になります。そうするとビザなしでアメリカに
住めるし、アメリカ国内どこででも働けます。

　「幼少期に日本に帰ってきたので本人はまったく意識していなかっ
たけれど、じつはアメリカに住める、働ける状態になっていた」

という人もいるようです。親から当たりの宝くじをもらったと思って、
ありがたく活用しましょう。

アメリカ企業に
就職・転職する

CHAPTER 03

ひと口にアメリカ企業といっても、会社もポジションも千差万別なのでさまざまな違いがあります。中には、ここに書いてあることが直接当てはまらないような異常値の会社もあるかとは思いますが、一般的に、就職プロセスのステップごとに気をつけるべきことはいろいろあります。本章に書いていることすべてに従わないと就職できないというわけではありませんが、「こうしたほうが有利になる」というTips は存在します。

この章の内容は、日本からの就職を目指す人はもちろん、アメリカで留学していてそこから就職を目指す人、またすでにアメリカで働いていて転職を考えている人にも役立つことと思います。日本人の常識から考えると抵抗を感じるものもあるとは思いますが、少々無理してでも実行してみれば、必ず、良い結果につながりやすくなります。日本で身につけた文化の殻を破ってみる良いきっかけになるかもしれません。

レジュメ作成 — ポジションごとに内容を変える

「レジュメ」とは、日本でいう履歴書のことです。書き方を最初から最後まで説明しようとすると、それだけで1冊の本になってしまうので、ここでは割愛します。その辺は別の書籍を参照するか、英語でのWeb検索（"resume engineer template" といったキーワード）などで調べてみてください。ここでは、一般的な「レジュメの書き方」にあまり出てこないような、エンジニア向け・日本人向けの情報だけお話しします。

✔ 大事な項目から順に書く

アメリカで使うレジュメは、応募する職と関連の深い、大事な項目

から、つまり以下の順番に書きます。

- 名前
- 自分ができること
- 職歴
- 学歴

　職歴と学歴で一番大事なのは最近の情報なので、最新のものを最初に書き、そこから過去に遡っていく順番になります。日本の履歴書とは逆です。

　レジュメの書き方の説明の中には、"Objectives" という項目で自分の達成したいこと（「自分の能力を発揮できるエンジニアポジションを得る」など）を書いたり、"Hobby" を書いたりするといった説明があるかもしれません。これらは不要です。無駄なことを書いて大事な情報を埋もれさせないようにしましょう。逆に、「オープンソースで貢献している」とか「自作でサービスを運営している」といったものは非常に受けが良くなるので、職歴のトップなどの目立つところに書いておきましょう。

✔ 転職サイトでキーワードマッチングにひっかかるようにする

　アメリカでよく使われる転職サイトは、Linkedin.com[1] です。それに続いて、Monster.com[2] や Dice.com[3] などが老舗です。アメリカですでに働いている人や留学している人がこれらのサイトにレジュメを置いておくと、リクルーターがそれを見て勧誘のメールを送ってきます。

　しかし残念ながら日本に住んでいる場合には、メールが届く確率は下がってしまうでしょう。現在の住所を曖昧にしておいて、とにかく

※ 1　Linkedin.com　http://www.linkedin.com/
※ 2　Monster.com　http://www.monster.com/
※ 3　Dice.com　http://www.dice.com/

リクルーターとつながることを目指す人もいます。景気が良い時には
そういう方法も有効かもしれません。特に現職がアメリカでの有名企
業の場合、やはりメールの数は増えるようです。

　そのメールのすべてが役立つ情報なわけではありませんが、まった
く無駄な情報というわけでもありません。その中に自分が就きたいポ
ジションが含まれている可能性も十分あるので、興味があるものがあ
れば、返事して話を聞いてみてもいいでしょう。ただ、向こうはあな
たに面接を受けさせるのが仕事なので、かなり強く勧誘されることに
なる覚悟はしておいてください。

　適切なポジションのメールがより多く来るようにするためにはどう
すればいいのでしょうか？

　リクルーターからの最初のメールは「数打ちゃ当たる」面が強くあ
ります。彼らは、レジュメを1通ずつじっくり読むようなことはせず、
転職サイト内の検索サービスを使って、主要なスキルセットの名前が
書いてあるレジュメの持ち主にメールを送るわけです。

　そこで、一般的な「レジュメの書き方」には出てこないのですが、
キーワード検索に引っかかるようにするために、単純に"Skills"の項
目を作りましょう。そこに経験がある技術を羅列します。たとえば、
こんな感じになります。

C++, C, Java, Ruby, Perl, Python, Scala, web application, client / server
programming, design pattern, XAML, SQL, digital signal processing, QA
planning, Windows, UNIX, Linux.

　プログラム言語の名前とOSの名前など、まったく異なるレイヤー
の言葉を一緒に並べることに抵抗を感じるかもしれませんが、目的は
キーワードマッチングに正しく引っかかることです。もちろん、自分
に関係ないキーワードまで並べると興味のないポジションのお誘いが

来てしまうので、不必要に増やすのは止めましょう。

✔ ポジションにあわせてレジュメを変える

　メールが来るのを待つだけではなく、募集しているポジションを見つけて、こちらからレジュメを送ることも必要です。どういうスキルセットが必要か、募集ポジションの職務記述書に書いてあるので、それに合わせて自分のレジュメを多少手直しします。ポジションに不要なスキルは削除し、重要度が高いスキルを前のほうに持ってきて、職歴の説明も必要な部分に重点を置いた書き方に変更します。

　ここでの目標は、あなたのレジュメを見たリクルーターや採用マネージャーに「この人はぴったりじゃないか」と思わせることです。もちろん嘘をつかない範囲で、ですが、アメリカで働く人たちのレジュメを見ると、日本人の感覚では「盛りすぎ」なものが多いのもまた事実です。採用側も適当に割り引いてレジュメを読むので、少々やりすぎに感じるぐらいの「盛り」具合にしておきましょう。

✔ ネイティブスピーカーのチェックを受ける

　ある程度書けたら、必ず英語のネイティブスピーカーのチェックを受けましょう。その人が同じ業界で働いているならば最高です。いくらがんばってレジュメを作成しても、ノンネイティブスピーカーの文章には難があります。

　周りに適当な人が見つからない場合、またレジュメの書き方そのものに自信を持てない場合は、プロのレジュメ代行サービスにお願いするのも良い手です。数百ドルのお金はかかりますが、実際に代行サービスを利用した友人のレジュメを見せてもらった時は、やはりその読みやすさに感心しました。

✔ 自分の名前まで変える？

　ほとんどの日本人は抵抗を覚えると思いますが、非英語圏出身者が面接に呼ばれる確率を上げるためのトリックがあります。それは、英語のファーストネームを使うことです。

　アメリカでは「名前」は自分にとって唯一のものではありません。英語名と日本語名など、複数の名前を使っている人も多くいます。大統領でさえもニックネームで名乗ったりしますし、公式書類に記入するときに今まで使った名前のリストを書き込む項目があったりします。仕事の履歴書にニックネームを書くのはごくありふれたことなので、自分で勝手に名前を考えて、それを書いてしまえばいいのです。

　採用マネージャーも人間なので、読み方がわからない名前の人に連絡をとるのは少し気が引けるものです。たとえば、時間の都合で1人しか面接に呼べない状況の時に、同じぐらい良い経歴を持っていて甲乙つけがたい2通のレジュメがあり、片方がアメリカではありふれた名前の"Mike Smith"、もう片方は普通のアメリカ人には読めない"Ryuunoshin Nakamori"だったとしたら、どちらを選ぶでしょうか。それよりは、ニックネームを使って"Rick Nakamori"とでもすれば、連絡をとりやすくなります。そして、その名前を使って入社が決まったとしても、その名前で働くかどうかは自分で選べます。入社時点で「やはり本名を使いたい」と言えばいいのです。

　私の元同僚の中国人は、新卒の就職活動中には、アメリカ人には読めないZhengという中国名そのままのファーストネームを使っていました。初めのうちは、いくら応募してもまったく反応がなかったそうです。次第に焦り始めて、友人のアドバイスどおりにJohnというありふれたアメリカ名にしたところ、途端にたくさんの連絡が来るようになって就職できたとのことでした。

　そのほかにも、白人によくある名前のレジュメを送ると、黒人の名前に比べて最初の面接に進める確率が50%増えるという研究結果も

あります[4]。似た例はほかにもいろいろあるようです[5]。

　私は完全に英語名にするのには抵抗があったので、Morihiro という長くてアメリカ人には読めないファーストネームの代わりに Hiro という日本のニックネームを使って転職をしたことが何回かあります。インド人などが非常に難しい名前をそのまま使っている例を見たこともあって、今の会社ではなんとなく Morihiro に戻してみましたが、やはり会社の中でも相手がなかなか名前を覚えてくれないのは不便なものです。このストレスはニックネームを使ってたころには感じなかったことなので、ひょっとすると、名前のために仕事で少し損をしているかもしれません。

応募 — 公式ページよりも社員からの紹介

　レジュメができたら応募するわけですが、まずは就きたいポジションがどれかをしっかり考えておきましょう。面接に慣れていない場合は、同じタイミングで複数の会社の似たポジションに練習台として応募することもお勧めです。練習のつもりが、じつは魅力的なポジションだということに気づく可能性もあります。それはそれで幸せな出会いかもしれません。

　有名な大企業に応募する場合は、http://www.microsoft.com/jobs/ などの公式ページから直接応募しても、反応がある確率はかなり低くなってしまいます。有名企業になると、毎週何万通というレジュメが送られてくるので、ほかの候補者のレジュメの山にあなたのレジュメも埋もれてしまうからです。

※ 4　Racial Bias in Hiring
　　　http://www.chicagobooth.edu/capideas/spring03/racialbias.html
※ 5　He Dropped One Letter In His Name While Applying For Jobs, And The
　　　Responses Rolled In
　　　http://www.huffingtonpost.com/2014/09/02/jose-joe-job-discrimination_
　　　n_5753880.html

それよりはるかに高確率の方法は、すでにその会社で働いている社員から紹介してもらうことです。そうすると、社員からあなたへの推薦文を付けてもらえるというメリットがあります。しかしそれより大事なのは、そのポジションの採用マネージャー（hiring manager）がだれかを調べて、直接レジュメを送ってもらえることです。採用プロセスにおいて一番の権限を持つのは採用マネージャーなので、まずはその人の目に留まることが必須条件です。毎日、数多くのレジュメがほとんど見られることもなく消え去っていくことを考えると、より丁寧にレジュメを見てもらえるだけでも大きな違いだと言えます。直接の知り合いがその会社で働いていたらもちろんその人を通じて、知り合いがいなかったら「知り合いの知り合い」を探してでも紹介してもらいましょう。その伝手を得る時にも LinkedIn は有効です。

　もし、リクルーターから誘いのメールが来ている場合、返事を出すとかなりの確率で次に進めます。その場合でも、社内に友人がいるならリクルーターに「友人である社員からの紹介ということでお願いしたい」と伝えましょう。社員からの推薦文を得ることができます。

　最後に、伝統的にはレジュメには「カバーレター」と呼ばれる短い手紙を付ける必要があるとされていました。最近でも、「カバーレターは必要」という記事を Web 上で見ることがあります。しかし、ソフトウェア業界ではカバーレターは過去のものになっており、特に必要はありません。ただし、製造業などの古くからある業界、古くからある企業の場合は、採用マネージャーがカバーレターを好む可能性はあります。できれば社員やリクルーターに聞いてみましょう。

リクルーターとの "chat"
―やりたいことを明確に、給与額は不明確に

　こちらから送ったレジュメが相手の目にとまると、まずリクルータ

ーから連絡が来ます。リクルーターの役割は、候補者探しや面接日程のセットアップ、入社条件の交渉から書類の準備まで、面接と入社にまつわる事務仕事全般です。大企業ならば専任のリクルーターとやりとりすることになりますが、規模が小さい会社ならば人事担当や将来の上司がリクルーターの仕事を兼ねることもあります。リクルーターが外部のリクルーティング専門会社の社員というケースもあります。そこで、時間を決めて、15分から30分ほど電話で "chat" を行います。これが、応募先と話す最初の機会になります。

✔ 「自分にとって欠かせないものは何か？」を意識する

　リクルーターのこの段階での目的は、あなたの受け答えに大きな問題がないかなどの基本チェックをすることと、働くにあたっての基本的な情報を集めることです。自分の今の仕事の内容はどういうものか、どういう分野の仕事を希望しているのかを聞かれますので、はっきり伝えましょう。応募先の会社に今あるポジションと完全にミスマッチだった場合、残念ながら先に進んでも時間の無駄になってしまうので、適合するポジションが見つかったら連絡をくれるように約束だけしておいて、次に進んだほうが賢明です。

　複数チームで人を募集している時ならば、あなたの話を元に、リクルーターが一番マッチしそうなポジションを検討してくれます。ただし、リクルーターが専門知識を持っていることはほとんどないので、注意してください。

　自分の今の仕事でどこかに不満を持っていて、次の環境での改善を期待している人は多いと思います。しかし、それより大事なのは「自分にとって欠かせないものは何か？」です。現在の仕事で満たされているものは気づきにくく、新しい会社で失ってみてはじめてわかるものもあります。

- プログラミング言語へのこだわりはどれぐらいあるか？
- 研究寄りとオペレーション寄りでは、どちらの仕事が好きか？
- オープンオフィスに抵抗はないか？
- バックエンドとフロントエンドのどちらのほうが好きか？
- どういうプロセスを使っているか？

などなど、いろいろな切り口があると思います。「どのチームに入れる可能性があるか？」「どのような文化なのか？」など、こちらから聞くのもいいでしょう。会社によっては、複数のチームを同時に受けることも可能です。

　ただし、リクルーターは日々の仕事を直接知っているわけではなく、こちらの質問への答えもこちらからの希望も採用マネージャーとの伝言ゲームのような形になります。なので、比較的高いレベルの話に留めておいたほうが誤解が少なくなります。細かい話は、実際の面接の時まで待ったほうがいいでしょう。

　また、この機会に、今後のプロセスの進め方を確認しておきましょう。特定チームの特定ポジションならば、いつまでに埋めなければいけないかが決まっていることがあります。ほかに候補者がいるか、いるならばその候補者がどの段階まで進んでいるかも聞いておく必要があるかもしれません。電話面接1回、オンサイト面接1回で結論を出すのが普通ですが、場合によっては電話面接を2回やる会社も、オンサイト面接を複数回やる会社も存在します。特に、オンサイト面接が終わってから結果が出るまでにどれぐらいかかるかを聞いておくと、複数の会社からのオファーが出る時期を揃えるのに役立ちます。

　リクルーターと話す段階では技術試験のような質問をされることはほとんどありませんが、まれにリクルーターが最初のフィルタリングをすることもあります。その場合でも、リクルーターに専門知識が備わっているわけではないと考えたほうが無難です。リクルーターの手

元にある「質問と模範解答の表」にどういうことが書いてあるかを想像しながら、模範解答にありそうなキーワードをきちんと押さえるように気をつけましょう。

✔ 希望給与額を言ってはいけない

そしてほぼ確実に、希望給与額を聞かれます。これは言ってはいけません。ここで下手に少ない額を言ってしまうと、将来の給料交渉が非常に難しくなってしまいます。

「仕事の内容を詳しく理解したうえで考えたい」

などと言って、濁しておくのがいいでしょう。特に、日本からの転職の場合に、日本の給与水準に基づいた額を言わないようにしましょう。中にはありえない金額を最初から吹っかける猛者もいるようですが、強気の交渉は面接が終わって自分の実力を認めてもらってからのほうが効果的です。

現在の給与額も確実に聞かれます。これについては、言う派と言わない派に分かれます。言わない場合は、

「現在の給料に関わらず、そちらで出せる妥当な額を出してほしい」

などと言っておくといいでしょう。ただし、「はっきり決まっているものを教えない」という行動がマイナスにとられてしまう可能性もあるということは、心に留めておく必要があります。現在の給与額が相場より低めならば言わないほうが良く、相場より高めならば言っておいても問題ないかと思います。

言うことにするならば、基本給だけではなく、現金と株両方のボーナス額、vesting 待ち[6]の株の数など、今の会社を去ることによる逸

失収入はすべて入れて伝えてください。

　噂によると、実際の給与額から水増しした額を伝える猛者もいるそうです。そう言われて振り返ってみると、たしかに応募先の会社から「現在の給与額がわかる書類を提出せよ」などと言われたことはありません。一種の紳士協定のようなもので、聞かないことになっているようですが、リスクのある行為であることはたしかです。

電話面接 — 電話しながらコーディング

　リクルーターの緩めのスクリーニングを通過したら、次は電話面接です。会社が求めている経験・能力と候補者がマッチしているかの確認と、オンサイトでの面接に呼ぶのに十分な実力、適性があるかを見るのが目的です。実力がある候補者がまちがいで落とされてしまう、いわば"false negative"が起こる可能性が一番高いのがここかもしれません。本番のオンサイト面接より基準を緩めにしているといっても、たった1人の面接官が可否を決定するので、まちがいが起こる可能性が存在します。1つのまちがいで台なしにしないように、誤解したまま突き進んだりすることのないよう、話の内容をしっかり確認しながら進めましょう。

✔ 静かな部屋を確保し、ヘッドセットを使う

　電話面接だからといって、電話さえあればいいというわけではありません。必ずネット接続のある PC の前で、音質の良いヘッドセットを使って会話をしましょう。最近は、電話面接でコーディングをする

※6　vesting とは「受給権」という意味です。入社時やボーナスとして受け取る株は、現金と違って即自分のものになるわけではなく、会社で一定期間働き続けてはじめて自分のものになるというルールになっています。たとえば 100株を vesting 期間 4 年間で受け取った場合、1 年ごとに 25 株が自分のものになり、4 年間で vesting 終了となります。vesting しないうちに転職すると、将来株を入手する権利を諦めることになります。

のが一般的なので、その時に両手を使ってタイピングするのは最低限
必要です。電話を手に持てない状態でスピーカーフォンを使うと、音
質が落ちるリスクがあります。机の上に電話を置いておくと、タイピ
ングのノイズがそのまま電話に乗ってしまうかもしれません。

また、どんなに自分の英語に自信があっても、英語の訛りがきつく
てわかりづらい試験官に当たってしまうリスクは常にあります。そう
いう時、通話音質の高さは常に有利に働きます。必ず静かな部屋を確
保し、ヘッドセットを使いましょう。それから、アルゴリズムなどを
考えるときに紙に書きながらのほうがいい人は、紙とペンも用意して
おきましょう。

✔ 面接では何が行われるか

面接の長さは、30分から1時間ぐらいです。試験官はマネージャ
ーかエンジニアで、自分が働くことになるチームのメンバーであるこ
とが多いのですが、会社の規模が大きくなるほど、別チームの人に当
たる可能性が上がってきます。内容は、以下のようなものです。

- 現在の仕事内容の確認
- 希望する仕事内容の確認
- 口頭での技術的質問（"What is virtual function?" など）
- コーディング

また、応募先のプロジェクトの内容について説明してくれることも
よくあります。ただ、応募が殺到して電話面接が非常に多い会社にな
ると、すべて省略して、まずコーディングをやり、そこで合格ライン
を超えた時だけ別の話題に移る、といったスタイルが増えてきます。
電話面接の時点ですでに、上記すべてに対応できるようにしておく必
要があります。

✔ コーディングでの注意点

　ある程度以上の技術水準の会社では、ほぼ確実にコーディングの問題が出されます。よく使われるサイトは collabedit [7] です。書いているコードがリアルタイムでシェアできる、シンプルで使いやすいサイトです。あらかじめそこでコードを書いてみて、慣れておきましょう。

　まれに「手元に紙ある？　そこにこれから出す問題のコード書いて、書けたら１行ずつ読み上げてくれ」という古い形式をとる面接官もいるので、気持ちの準備はしておきましょう。その場合、自分が使い慣れた開発環境でコードを書いて、それを読み上げればいいでしょう。私は面接官としてやったことはありませんが、候補者として「コード読み上げ」をやらされたことは複数回あります。

　実際にコーディングが始まったら気をつけることは、次章で詳しく説明するホワイトボードコーディングとほとんど同じです。違いとしては

- 面接官も候補者もシェアされているサイトを見ているので、質問の確認を口頭だけでなく画面にタイプして確実にすることもできる
- 顔が見えない状態なので、問題を考えている時間もできるだけ言葉の数を多くして、面接官を無言で待たせないようにする
- 絶対にコーディング問題を検索して丸写ししない

ぐらいでしょうか。

　特に最後の丸写しについて、リアルタイムで丸写しされていくコードを見ると、少し慣れた面接官なら「何かおかしい」と気づくものです。実際、私が面接官をやった時、候補者がコードをタイプする順番がどうも不自然に見えたので、面接中に自分でも検索してみたことがあります。思ったとおり、検索トップのページに出てきたサンプルコ

※ 7　collabedit　http://www.collabedit.com

ードとまったく同じものが collabedit のページに書かれていくのを見るのは少し面白いものでした。

　もちろん、その候補者には「今回だけでなく、将来も絶対に採用しない」評価をつけ、コードが別の Web ページの丸写しであったことを記録に残しました。有名企業はたいてい、不合格になった人も半年後には再チャレンジできるルールがあるのですが、不正がばれると未来永劫面接することはできなくなります。たとえ丸写しがばれずに電話面接を突破できたとしても、次のオンサイト面接ではさらに難しい問題が出され、当然面接官の目の前で丸写しはできないので、電話面接の問題を自力で解けない人が合格する可能性はほとんどありません。

✔ 結果をふまえて次に備える

　電話面接の結果は、比較的早く知らせてくる傾向があります。

　もし、自分の経験についていろいろ聞かれて、コーディングなどをやることなく落とされたならば、ポジションと自分の経歴がうまくマッチしていなかったことが理由だと思われます。実力の問題ではないので、落ち込む必要はありません。もっと自分に合うポジションを探しましょう。

　コードをいろいろ書かされたうえで落とされたのなら、コーディング面接の練習をもっとする必要があります。しっかりとしたコードを短時間で書けるように練習するか、自分の考えていることを上手に説明する練習をしましょう。

　結果が合格ならば、すぐにオンサイト面接（会社のオフィスでの面接）の日程調整をすることになります。電話面接で出された問題を振り返り、

　「より良い解法はなかったか？」
　「口頭試問の答えはもっと改善できたのではないか？」

と考えてみましょう。少し失敗したと思ったところがあるならば、その分野についてもう一度復習をしておく必要があります。

電話面接の面接官が「この分野は少し弱いかもしれない」と記録に書くことはよくあるので、それを読んだオンサイトの面接官がそこをさらに突っ込んで試してくる可能性は十分にあります。もし、電話面接の結果に自信が持てないぐらいだったけど合格だった場合、オンサイトの日程はできるだけ先に設定してもらいましょう。そして、その期間を利用して、自分の弱い分野を徹底的に磨き直しましょう。

ここでもう1つ大事なのは、「複数の会社を受けているならば、日程をできるだけ揃えたほうがいい」ということです。「御社との話がまとまらなかった場合は他社に行きます」と言えれば、入社条件の交渉が非常に有利になるので、すべての会社の合格通知を同じ時期に揃えられるのが理想です。オンサイト面接の日程も、できるだけ近い日に固めるのがお勧めです。

オンサイト面接 — こちらも相手を面接している

いよいよ、オンサイト面接です。

ほとんどの会社の、ほとんどの面接で、ホワイトボードコーディングをすることになります。ときどき、問題解決能力を見るために、コードを書かせることなくディスカッションしながらアルゴリズムを一緒に考える形式の面接もあります。その時は、コーディングがない分だけ問題が複雑で、その分難しい問題について多くディスカッションすることになります。ホワイトボードコーディングの細かい話は次章に譲ることにして、ここではそれ以外の部分について書いておきます。

✔ 事前に会場を下見する

　まず、面接の前日までに、面接会場のオフィスに行ってみましょう。部外者が入れるスペースだけでも会社の雰囲気を十分感じて、さらに自分が行くべき受付の場所まで確認しておきましょう。特に有名企業を受けるとき、緊張のうえに、会社自体の雰囲気に飲まれてしまって、どうしようもなくなってしまう人がたくさんいます。あまり緊張しないような人でも、面接当日に初めて見るオフィスに迷いながら出向くのと、場所と雰囲気をしっかり把握してから再訪するのとでは、大きな差があります。

✔ 働いている人の中で一番きちんとした服装で行く

　Amazon、Facebook、Google、Microsoft などのソフトウェア企業のエンジニア職ならば、スーツやネクタイはまず必要ありません。ジーンズに T シャツでも大丈夫かもしれません。実際に、スーパーカジュアルな服装で合格した人はたくさんいます。

　しかし、さまざまな文化の人が面接官になる可能性があるので、悪印象を持つ人もいるかもしれません。普通にそこで働いている人の中で一番きちんとした服装で行くのが安全でしょう。襟付きシャツとチノパンぐらいが無難です。ただ、それより歴史のある業界ならば、ネクタイを締めたほうが安全です。

✔ 閃きの可能性と自信を高める

　当日の朝は、カフェインを多目に摂ることをお勧めします。難しい問題の解法が閃く可能性は、カフェインによって上がるでしょう。

　ちなみに、「朝一番の面接の出来が一番悪くて、その後は非常にうまくいった」というパターンが私には何度もありました。面接中の飲み物は常にダイエットペプシにしていたのですが、ある時ふと思い立って、朝起きてすぐにカフェインを大量摂取してみたところ、それ以

降は朝一番とそれ以降の面接の出来に違いが出なくなりました。全員にとって必ず効果があるとは言い切れませんが、やってみて損することとはないでしょう。

面接先には約束の時間より早めについて、再度会社の雰囲気に慣れる時間を作りましょう。この辺は意見が分かれるところですが、トイレの個室などでパワーポーズ※8 をとっておくこともお勧めです。自信を持った態度をとれるようにがんばりましょう。

✔ 面接官との距離を縮めて、緊張をほぐす

時間になると、最初の面接官が受付まで迎えに来てくれます。部屋まで行く道中の雑談を考えておきましょう。面接官もエンジニアなので、会話が弾まないこともありますが、「このオフィスでは何人ぐらい働いてるの？」あたりは無難な質問です。部屋に入るまでに何かジョークを飛ばして相手をクスっと笑わせることができれば最高です。"ややウケ"でOKです。

ここまで来たら、何といっても緊張が一番の敵です。敵を潰すためなら、なんでもやってください。もし、最初の面接官に会うことで緊張してきたら、心理的距離を縮めることを考えましょう。それでも緊張がほぐれなければ、部屋に入る前にトイレに案内してもらい、中で再度パワーポーズをとりましょう。また、特に経験の浅い面接官の場合、面接官のほうが緊張していることもよくあります。それを感じ取ったら、相手の緊張をほぐすことを言ってみましょう。きっと良いことがあります。

✔ たとえ途中で失敗しても、最後まで最善を尽くす

オンサイト面接は、基本的に1対1で45分から1時間、それを4回から6回ぐらい、1日でこなすのが普通です。時々、入社間もない社員が面接官役のトレーニングとして傍聴していることもあります

※8 Your body language shapes who you are
　　 http://www.ted.com/talks/amy_cuddy_your_body_language_shapes_who_you_are

("shadow"と呼ばれます)。だいたいのプロセスはどの会社でも一緒ですが、細かい部分はいろいろと異なります。先入観を防ぐために、フィードバックを提出するまで面接官同士が話し合わないルールのところがある一方、面接終了後すぐに次の面接官に自分の面接内容と印象を伝えて、質問範囲のカバー漏れがないようにする会社もあります。

面接終了後、面接官はフィードバックを作成します。4段階評価(Strong hire, Weak hire, Weak no hire, Strong no hire)か、さらに細かい数値での評価と、細かい内容の説明を書くことになります。それらを総合して合否が決まるわけですが、よほど特別な会社でない限り、面接官のうち1人が"No hire"と言っただけで落とすことは稀です。どれか1つの面接で失敗したとしても、それを引きずらず、進行中の面接で最善を尽くすことだけを考えましょう。

✔「ランチは面接に含まれない」は信用しない

面接はほぼ1日仕事なので、途中でランチが入ります。だれか社員が食堂なり近くのレストランなりに連れて行ってくれます。ランチを食べながら面接の質問をされることもありますが、それほど多くはありません。逆に、

　「このランチは面接に含まれないから、リラックスして大丈夫。なんでも好きなこと聞いていいよ」

と言われることがあります。これは、まず信用しないほうがいいです。

採用マネージャーがランチを担当してくれることはよくあるし、そうでなくても、「ランチでどういう雰囲気だったか?」という情報は最終判断の前に集められます。ここでは、普通にランチの話題としておかしくなく、かつ自分の仕事の能力や意欲をアピールできる話題が一番良いでしょう。もし特別聞きたいことがなければ、開発プロセス

や職場の雰囲気などについての質問をするのが無難です。あまり偏っていない、仕事についての持論を語るのも良いかもしれません。

✔ こちらも相手を面接している

面接を受けることで緊張すると忘れがちですが、忘れてはならないことが1つあります。

「自分が面接されるのと同時に、こちらも相手を面接している」

ということです。

最終的に合格して入社したら、新しい会社で一緒に働くのは、たいてい自分の面接官たちです。相手がこちらを面接して、仕事ができそうか、働きやすい相手かを判断するのと同じように、こちらからも相手の質問の内容やこちらの話への対応を観察しましょう。

「この面接官の話は簡潔でわかりやすい」
「この部分にこだわった質問をしてくるということは、仕事ではその辺を重要視してるのだろう」
「この人はフレンドリーなので、すぐに仲良くなれそうだ」
「この人は少し意地悪そうな感じだ」

などなど、こちらが得られる情報はたくさんあります。

実際、面接を受けた時の面接官の印象が、実際に働いてみたら違っていたという経験は私にはほとんどありません。「この上司と働くことになったら、こういうところは良いけどここで苦労しそうだ」と思いながら転職して、実際にそのとおりの苦労をした経験も複数回あります。

特に複数の会社を受けている場合、面接終了後にそれぞれの面接官

の印象をメモしておくといいでしょう。複数の会社のどれを選ぶかで迷った時は、一緒に働きやすそうな面接官が多かった会社をお薦めします。

✔ 面接の最後に質問する

それぞれの面接で、たいていは最後に、こちらからの質問があるか聞かれます。どういう質問をするのか、あらかじめ考えておいてください。複数の面接官に同じ質問をして、どういう答えのバリエーションがあるのか見るのも有効です。

自分が勤務先に何を求めるかによって、"良い質問"は変わってきます。もし、複数の会社からオファーが来た時に

「この質問に気に入った答えをくれた面接官が多かったから、こちらに入社しよう」

と思えるような質問を考えられたら最高です。たとえば、以下のようなものは役に立つかもしれません。

「ほかにも良い会社はたくさんありますが、なぜ私はこの会社を選ぶべきなのでしょうか？」
「この会社で働いていて、どういう時にここで働いて良かったと思いますか？」
「この会社に入ってから一番驚いたことはなんですか？　良い驚きと悪い驚きについて教えてください」
「○○プロセスを使っていますか？　……（××を使っているとの答え）……××のどういうところが、○○より優れているのですか？」

✔ オフィスを見せてもらう

　もう1つ、オンサイト面接でリクルーターかマネージャーにオフィスの雰囲気を見せてもらうことも重要です。面接官から良い話をいろいろ聞いていたとしても、オフィスを実際に見た途端に、イメージがガラッと変わることがあります。「百聞は一見に如かず」は、会社のオフィスにもぴったり当てはまる諺です。

　全体の雰囲気はもちろんですが、パッと目についた1人分のスペースに注目するのもまた大事です。たとえば、以下のようなものをチェックして、自分の好みに合致しているか、現在の職場環境よりダウングレードにならないかを考えてみましょう。特に、各人のコンピュータ環境には会社のカラーがそのまま出ていることがあります。

- 1人あたりのスペースは広いか、狭いか
- モニタは1つか、複数あるか
- モニタのサイズは大きいか、小さいか
- マシンはデスクトップかラップトップか、複数持っている人はいるか
- マシンのスペックは高いか、低いか
- マシン・モニタの構成、キーボードやマウスは、人によってまちまちか、皆同じものに統一されているか
- オフィスは騒がしいか、静かか
- 談笑している人たちは多いか、黙々と働いている人は多いか
- もし画面が見えたら、使っているツールはどういうものか、使っているのは最新版か
- すぐにホワイトボードで議論を始められそうなレイアウトか
- オフィスチェアは良いものか、安物か

　この中には人によって好みもあり、「自分にとってはどうでもいい」

と感じるものもあるかと思います。もちろん、そういうものは無視してかまいません。しかし、現在の環境であたりまえに存在するものが新しい環境には存在しないこともあるので、「なくなったら困るもの」のチェックリストとして、何が自分に大事か考えておく助けにはなると思います。

　気にしない人にとってはどうでもいいけど、当人には大問題になりえるものはいろいろあります。モニタが１つしか支給されない会社は珍しくありませんが、転職後にモニタの数について文句を言う人はけっこういます。ほかにも、新しい会社のオフィスチェアが体に合わず、「前の会社の高価なチェアのありがたみがわかった」と言っていた人もいました。

結果通知 — フィードバックをもらう最大のチャンス

　オンサイト面接の後、遅くとも数週間後に、リクルーターから連絡が来ます。私の経験では、最速で最終面接の終了前、一番遅かったのが１か月後ぐらいです。２週間以上経っても連絡がない時は、リクルーターが単純に忘れていたり、採用マネージャーが単に忙しくて遅れている可能性もあるので、結果が出ていないか聞いてみていいでしょう。

　単純ミス以外で遅くなっているときは、ほかの候補者の面接終了まで待ってからどちらを採用するのか決める場合と、社内事情で採用枠を確保できるまで少し待たないといけないなどの理由がありえます。

　結果が合格でも不合格でも、面接自体のフィードバックをもらうチャンスです。会社によっては「フィードバックを教えることはできない決まりになっている」と言われてしまうこともありますが、聞くだけ聞いてみましょう。特に、不合格の時のフィードバックは貴重です。

親切なリクルーターならば、実際に面接官の書いたフィードバックを読み上げてくれます。次に役立てましょう。

　合格の時は、自分のどこが評価されて採用に至ったかを知るヒントになります。自分が重視していることと面接官が重視していることが重なっているのならば、その会社の文化が自分に合っている可能性が高いことになります。

✔ すぐに「入社します」と言わない

　憧れの会社から合格通知が来たら、すぐに「入社します」と言いたくなるかもしれませんが、そこはぐっと抑えてください。感情の高ぶりは隠しておいて、自分を高く評価してくれたことへの感謝の言葉を述べ、「オファーの細かい内容を見てから検討する」と伝えましょう。

　ほかの会社も検討しているのか聞かれたら、迷わず「している」と答えてかまいません。複数の会社を受けて比較検討するのは当然のことで、「ウチの会社以外も考えているとは許せん」などと思われる心配はまったくありません。

　そして、会社側があなたに入社してほしいということが確定したうえで、細かい条件の交渉が始まります。あなたがアメリカ国籍も永住権も持っていない場合、一番大事な条件は会社がビザ取得手続きをきちんとやってくれるか、そして入社後に永住権取得のスポンサーになってくれるかどうかです。

　小さい会社にとっては、ビザや永住権のスポンサーになることは大きな負担です。ビザはやってくれるものの永住権のスポンサーはしない会社も存在します。また、大企業で「職務レベルが一定以上でなければ永住権をスポンサーしない」という規定を持っている会社もあります。

　永住権をスポンサーしてもらえなければ、最悪5年や6年のビザの延長期限が切れると同時に母国に帰ることになってしまいます。ロ

約束だけでなく、オファーレターにきちんと書いてもらったほうが安全です。

そして、新しい給与額を決めるために、再度期待する給与額と現在の給与額を聞かれます。「教えてもらわないとオファーを作成できない」などと言われるかもしれませんが、言ったほうがいいかどうかは、最初にリクルーターと話した時と一緒です。

「ほかの会社のオファーをいろいろ見てから、希望額を決めたい」

などと言うことも可能です。どちらの額も具体的に言わない場合には

「会社が用意できる最高額を提示してほしい」

と強気の交渉をやってみるのがアメリカ流です。条件交渉については、次節「最終決断」の中で詳しく説明します。

Column

▎転職面接は時の運
▎— "false negative" を恐れない一流企業

面接の目的は、会社に貢献できる候補者に正しく合格を出すことと、会社に貢献できない候補者を正しく落とすことです。しかし、すべてを正確に判断することは不可能なので、まちがいは起こってしまいます。本来落とすべき候補者を合格させてしまうことを "false positive"、本来合格させるべき候補者を不合格にしてしまうことを "false negative" と呼ぶことがあります。

false positive で不適合の人を雇ってしまった場合、それを是正する方法は「解雇」ということになりますが、それは多くのコストがかかるだけではなく、その人が会社にいる間の周りの人たちの時間の浪費、チームメンバーが去ることによる士気の減退など、会社にとって大きな損失になってしまいます。

反面、人気のある一流企業ならば、実力のある人を落としてしまう false negative はたいして問題になりません。その人にとっては残念ですが、会社から見ると、良い候補者はほかにもたくさん来るので大きなダメージではありません。一度落としても、半年後には再チャレンジできるので、実際に再チャレンジしてくる人もたくさんいます。そういうわけで、人気企業の採用基準はどんどん上がり、「false negative 上等、合否を少しでも迷う候補者は落としてしまえ」という方針にしているのです。

面接は1対1で行われるので、どうしても候補者と面接官の相性の良し悪し、面接官の質の善し悪しが出てきます。一度会社に入ると、普通のエンジニアもマネージャーも面接官になります。面接の形式はやはり大企業のほうが整っていて、面接官のためのトレーニングプログラムなどもあります。しかし、トレーニングは長くて半日か1日、もしくはそれよりも短い時間を1回受けて終了、といったことが多いのです。小さい会社になると、それさえもありません。経験を積んだ人ならば、面接官としてのスキルに自己フィードバックを繰り返して素晴らしい面接官になっていることもありますが、候補者から見ても明らかに緊張しまくっていることがわかってしまうような経験の浅い面接官もいますし、元々面接に興味を持たないで適当にやるような人さえも存在します。

合格するボーダーラインぐらいの実力があれば、面接は"時の運"です。緊張して簡単な問題をまちがえてしまうこともあるでしょうし、面接官との相性が悪ければそれだけで "no hire" がつくこともあります。「面接官が1人だけでもノーと言ったら不合格」という厳しい基準の会

社ならば、false negative になるのは日常茶飯事です。

　大雑把なイメージとして、候補者を実力順に並べた場合、ボーダーラインのまわりに大きな「グレーゾーン」があると考えてください。グレーゾーンよりはるか上には何度やっても合格するようなすごい人たちがいて、グレーゾーンより下の位置には何度やっても不合格になる人たちがいます。そして、グレーゾーンの中にもたくさんの人がいて、その中でたまたま相性の良い面接官だけに当たった人が合格、相性の悪い面接官に当たってしまった人は不合格になる、といったイメージです。

　一流企業に挑戦して、もう少しのところで不合格になってしまった人は、このグレーゾーンにいます。1回で諦めずに、何度かチャレンジしてみましょう。そのうち"正しい"結果に結びつくはずです。

最終決断 — 舞い上がったままオファーを受けるな

　特に転職活動を開始してからオファーを得るまでに時間がかかった場合、喜びのあまり、すぐにオファーを受けてしまう人がいます。合格自体はとてもうれしいことですし、合格の連絡や条件提示の場でリクルーターや採用マネージャーに盛んに「君のような人が必要だ」と言われるのは気分が良いものです。余談ですが、「転職中毒」にかかってしまう人たちは、合格した後の気分の良さが忘れられないのではないかと思っています。

　しかし、ここで冷静になる必要があります。

- オファーをくれた会社のポジションが、本当に自分のやりたいことなのか？
- 面接が進行中のほかの会社に比べても、本当にそこがいいのか？

- 現職に留まるより、転職したほうが本当に良くなるのか？

そういったことを冷静に判断しましょう。ゴールが見えたことで早くゴールインしてしまいたくなる気持ちを抑えてください。

✔ まずは仕事の内容を検討

複数の会社を同時進行で受けている場合、同時期に結果が揃うと非常に楽になります。すでにオファーが出た会社と、まだ結果待ちの会社をうまく比較するのは難しいものです。会社との条件交渉でも、「そちらと合意できなければほかの会社にする」という話以上に強力なBATNA[9]は存在しません。

仕事内容そのものについて、情報をたくさん集めましょう。採用マネージャーとプロジェクトについて詳しく話す時間を取れるように、リクルーターに頼みましょう。マネージャーと、疑問に思うことや自分の希望とずれについて、納得いくまで話しましょう。仕事内容を少し変えてもらうような交渉も可能かもしれません。

✔ 仕事の技術レベルを考えてみる

仕事の技術レベルについても考えてみましょう。ソフトウェアエンジニアの面接ではホワイトボードコーディングをやることが多いのですが、コーディングの問題が出されないこともあります。そういう会社は、ほかの従業員も同じような面接を経て入社していることになります。率直に言って、そういう会社のコードの品質は低い可能性が高いです。理由として考えられるのは、

- その会社でのソフトウェアの重要度が低めである
- コードに重きを置かない文化である
- 面接官にコーディング面接をやるほどのスキルがない

※9　Best alternative to a negotiated agreement。最も望ましい代替案のこと。

ぐらいでしょうか。その辺は、面接中やその後のメンバーたちとの話の中で探ってみましょう。

　私が初めのころに受けた会社では、面接でコードを書く機会は少しありましたが、あったとしてもかなり単純な問題でした。その代わりに、無線通信や画像認識などの、それぞれの会社での重要な技術についての質問が多くありました。いざ入社してみると、やはりソフトウェアデザインやコードの可読性などはあまり重要視せず、できるだけ早く機能を実現することに注力している状態で、コードレビューも存在していませんでした。

　複数の技術がトレードオフの関係になってしまっている会社は、珍しいわけではありません。自分の進みたい方向と会社の方向が合っているのか、考えたうえで決断しましょう。

✔ 会社の文化と自分の相性を見極める

　会社の文化と自分の相性も重要な条件です。自分が好きでないやり方で毎日仕事をするのは、ストレスになってしまいます。

- 品質とスピードと、どちらを重視するのか
- 泥臭い仕事を地道にやった時と、手早くハックしたときでは、どちらのほうが評価されるか
- 同僚や上司と気が合いそうか

など、項目はたくさんあります。面接の時にどれぐらい良い感じの面接官がいたかも、非常に大事な指標です。逆に、苦手な人がまったくいない環境ならば、それは恵まれているといえます。

　不安を感じるなら、「オファーを受ける前に、チームメンバーたちと一緒にランチを食べたい」とリクルーターにお願いすることもお勧めです。ランチというセッティングは、チームの人間関係に問題がな

いか、一緒に働いたら苦労しそうな人はいないかをチェックする良い
機会です。マネージャーとチームメンバーの仲が良くなさそうならば、
危険なサインです。ランチでいろいろ話してみて、納得いかなければ、
そのチームはあなたに合っていないのかもしれません。

✔ 条件を交渉する

　そして、あまりがめつくやるのは感心しませんが、条件面の交渉も
しなければなりません。あなたにオファーを出すことが決まった時点
で、リクルーターの仕事は「できるだけ安い給料であなたを入社させ
ること」になります。給料の多寡は気にしないというのならばそのま
まオファーを受けてもいいですが、ほとんどの合格者が条件交渉をし
てくるので、会社は実際に出せる額より低く提示してきます。条件交
渉なしということは、不利な条件で入社するということです。その点
は認識しておきましょう。

　交渉によって、基本給が年俸で1万ドル（約115万円）上がる例
は珍しくありません。一度入社すると、ボーナスや昇給額も基本年俸
を元に計算されるので、働く年数が長くなるほど大きな違いになって
きます。

　A社の条件を見せてB社のオファーを上げてもらい、またそのオフ
ァーをA社に見せて……とやるのが王道ですが、それを何回も繰り
返しやるのはさすがに相手の気分を害するので、止めておきましょう。
ある程度いったら「この額にしてくれればサインする」と伝えて、最
後にするのも良い手です。入社後のあなたの待遇を決める要素は、大
きく分けて4つあります。

　• ジョブタイトル
　自分の仕事の肩書のことです。たとえば普通のソフトウェアエンジ
ニアとシニアソフトウェアエンジニアでは、仕事の責任範囲が異なっ

てくるので、より高レベルの仕事をしやすくなります。

　稀にですが、オファーされたポジションと自分の希望が違うこともあります。アプリケーションエンジニア、テストエンジニア、ビルドエンジニア、サポートエンジニアなど、エンジニアにもポジションがいろいろあります。より魅力的なポジションがあるならば、そちらに変えられないか、職務範囲の交渉もトライしてみましょう。ここは、お金の交渉よりずっと大事なところです。

　お金の面では、ジョブタイトルが違うと標準給与額も違ってくるので、たとえ最初の給与額が同じだったとしても、その後の昇給額が違ってきたりします。しかし、職務レベルが高くなると、より優秀な同僚たちとの比較でパフォーマンス評価がなされるので、低めのランキングを付けられてしまうリスクが増えるという一面もあります。

● 基本給

　年俸額で提示されます。たいていの会社で、年に1回パフォーマンスに応じたボーナスが出るので、ボーナスのターゲット額も確認しましょう。

　基本給は、最初の年の給与額だけではなく、当然2年目以降の給与額にも影響します。「基本給のN%」で昇給額を計算する会社ならば、入社時の給与額交渉はますます重要になります。

● サインアップボーナス（現金と株）

　入社時にもらえる特別ボーナスです。現金は1年もしくは2年以内に辞職した場合には返還する必要があることが多いです。株は4～5年ぐらいのvesting期間が設定されることが多いです。

　入社時一度だけのものなので、ほかの項目に比べると影響は大きくありません。基本給アップをお願いしたら「サインアップボーナスの増額ではどうか」とお願いされることもあります。

- ベネフィット

　医療保険、401（k）プラン、有給休暇など、福利厚生をまとめて「ベネフィット」と呼びますが、この内容が会社によって驚くほど異なります。

　大企業ならばこの内容については交渉の余地はあまりありませんが、小さい会社ならばたとえば「有給休暇の標準日数が少ないので、増やしてほしい」などの交渉が可能です。

✔「交渉したからオファー取り消し」はない

　こういう話をすると、「交渉のせいで、相手がオファーを取り消したりしないのか？」と心配する人がいます。しかし、条件面の交渉のためにオファーが取り消されることは、まずありません。

　特に好景気なとき、さらに有名企業の場合は、自社の採用基準に合う候補者を見つけるのが非常に難しくなっています。ざっくり数字を挙げると、電話面接を突破できるのが15％、その中からオンサイト面接を突破できるのは20％といったところか、またはもっと低い数字です。つまり、30人以上面接して、ようやく1人オファーを出せる人が見つかることになります。面接をすること自体が非常に高コストなので、せっかく見つけた良い人材を会社のほうから断ることは、経済合理性を伴わないのです。

　ただし、自分がやっている給与交渉の情報は、採用マネージャー、つまりは自分の将来の上司にも伝わっています。ほぼ全員がやることなので、交渉すること自体が悪い印象を与えることはありません。しかし、無駄に長期化させるような交渉をして、入社前の印象を悪くすることは避けてください。

✔ バックグラウンドチェック ── 経歴詐称はここでバレる

　オファーレターを読むと、「このオファーは、バックグラウンドチ

ェックとドラッグテストをパスした時のみ有効」といった文言が入っています。

バックグラウンドチェックとは、レジュメに書いてあることが本当か、また社会的に問題になるような記録が残っていないかチェックすることです。会社が外部業者に依頼して、あなたのレジュメに書いてある学歴や職歴が正しいかを確認します。外部業者が直接日本の大学に卒業者の照会をすることは普通できないので、あなたが英文の卒業証明、成績証明を母校から取り寄せて送ることになるかもしれません。ビザを取得する手続きでも必要になるので、あらかじめ手配しておいても損はありません。

そのほかにも、クレジットヒストリーや犯罪歴が残ってないかなどもチェックされます。身に覚えがなければまず大丈夫ですが、万が一記録エラーなどで困ったことになる可能性もあるので、バックグラウンドチェックが終了するまでは、現在の会社に辞意を伝えるのは待ったほうが安全です。

ドラッグテストは、おかしな薬物などを使用していないかのテストですが、最近は行わない会社のほうが多いようです。行う場合には、医療検査施設に出向いて尿検査などを受けなくてはなりません。念のために、検査の前には漢方薬などを飲まないほうが安全だという噂もあります。

辞職 — 転職イコールすべてリセットではない

アメリカ企業を辞めるときに注意すべきことは、やはりいろいろあります。最初の就職をする時には関係ない話ではありますが、アメリカの会社で働く人は参考にしてください。

✔ 退職日で収入が変わる

　カリフォルニア州やワシントン州など、多くの州でAt Will Employmentの制度が採用されています。従業員も会社も完全自由意志で雇用契約を結んでいるので、どちらの側も、いつでも理由なしに雇用関係を解除できます。

　なので、法律上は「今日辞めます」と言って、次の日から出勤しない、ということも可能ではあるのですが、紳士協定というか礼儀というか、2週間前までに通告する"Two weeks notice"が慣例になっています。会社によっては「Two weeks noticeなしで辞めた社員は再雇用しない」というルールを設けていることもあります。普通は通告はしておいたほうがいいのですが、必ず通告どおりに進むとは限りません。「競合他社に移る」と伝えると、たいていその日のうちに退職させられます。そうでない場合でも、稀にほかの都合により、会社のほうが自分の希望退職日より前に退職日を設定することもあるので、その可能性も考えておきましょう。

　退職日の決め方ですが、それにより収入が大きく変わる可能性があります。逆の言い方をすると、お金のことを気にしないならば退職日は好きに決めてかまいません。

- キャッシュボーナスの時期
- 株のvestingの時期
- 従業員持株会の購買時期

の直前に辞めることは避けたほうがいいでしょう。

　また、以下のこともチェックしておく必要があります。

- 退職日から新しい会社で働き始めるまでに、どれぐらい休みを取るか

CHAPTER 03 アメリカ企業に就職・転職する

・ 今の会社の健康保険がいつ切れて、新しい会社の健康保険がいつ
  からスタートするか

　有給休暇が余っている場合、それは換金されて自分の収入になりま
す。あえて休暇を残したまま退職する人もいます。

✔ 日本以上に円満退社が大事

　英語では "Don't burn the bridge" という表現があります。昔の戦争
では退却するときに、自軍が橋を渡り終わったら橋を燃やして、敵軍
が追撃できないようにすることがあります。しかし、会社を辞めると
きにはそういうことは止めておけ、元に戻れるようにしておけ、とい
う意味です。

　戻りたいと思った時はいつでも「反対岸」に戻れるように、元同僚
や上司との関係を壊さずに円満退社するのが、一番良い辞職スタイル
です。たとえ現在の職場に強い不満を持っていても、「最後にすべて
ぶちまけて、スッキリして辞めてやろう」と思ってはいけません。転
職があたりまえの社会では、転職イコールすべてリセット、とはなら
ないからです。

　アメリカでは、社員の「出戻り」はありふれた現象です。転職した
後2、3年で元の会社に戻ってくることはもちろん、転職したあと1
か月ほどで「やっぱりこっちのほうがいいことがわかったから」と戻
ってきた同僚も私の周りにはたくさんいました。それが可能になるに
は、上司や同僚に「また一緒に働けるとうれしい」と思ってもらうこ
とが必須条件です。

　どんなに転職先が魅力的に見えたとしても、いざ働き始めると事前
のイメージと違っていたり、転職前に約束していた条件が嘘だったり
するような極端な例もあります。キャリアアップのために転職したつ
もりが話が違っていた場合、「以前の会社に戻る」という選択肢は検

089

討する価値があるでしょう。

あなたの働きが素晴らしかった場合、最後に上司が

「新しい会社が良くなかったと少しでも思ったら、すぐに戻ってきてくれ」

と言ってくれることもあります。転職後に元同僚から食事に誘われ、

「少し働いてみたことだし、ここでもう一度、元の会社のほうが良かったか考えてみてくれ」

と言われることもあります。もちろん、その話に乗りたいと思う状態だったらうれしい話ですし、最終的に断ってしまうことになるとしてもまたうれしいものです。

　特に大企業では、退職するときに、マネージャーがあなたについての記録を残します。その中に「また機会があったらこの人を再雇用したいか」といった項目もあります。前職の会社のリクルーターから誘いがたくさん来るようになれば、あなたのマネージャーが良い記録を残してくれたサインです。退社直前に不満をぶちまけたりしたら、二度と働く機会はなくなってしまうかもしれません。

　もう少し間接的な理由もあります。すでに何度か述べましたが、特に転職の場面では、ネットワーキングが大きな影響を及ぼします。面接を受けるときに、以前の働きについてリファレンスになってくれる（「この人は素晴らしい働きをしてました」と証言してくれる）人が必要になるので、そういう人を確保しておくのは大事です。ほかにも、仲がいい元同僚が転職の誘いをかけてくれることもあれば、自分が転職したいと思った会社ですでに元同僚が働いているパターンもよくあ

ります。

　直接の紹介ではなくても、応募してきた人のレジュメを元に、自社の従業員に

「この応募者とあなたの経歴が同じ会社で一致する時期があるが、この人物を知っているか。知っていれば、働きはどうだったか」

と聞いたりする会社も存在します。

　仲が悪かった同僚とも、最後にはできるだけ良い別れ方をしましょう。そして、特別仲が悪かったなどということでもない限り、LinkedIn で同僚とつながっておきましょう。将来役に立つ時がきっと来ます。私はたまに LinkedIn でつながっている人たちのステータスを眺めることがありますが、元同僚が驚くほどさまざまな会社に散らばっています。

Column

▎面接も
▎円満に進めるのが大事

　私が Amazon から Microsoft に移って数か月経ったころ、Microsoft で部署内のパーティーがありました。そこで食べ物の列に並んでいるときに、後ろの人と雑談が始まりました。

「まだ入社2、3か月ぐらいしか経ってないんだ」
「そっか、俺もまだそんなもんだよ」
「へえ、どこのチーム？」

「うん、俺は〇〇の部署で……。なあ、なんか、俺たち、どこかで会ったことないか？」

「うーん、そう言われると、そういう気もするけど……新入社員オリエンテーションで会ったかなあ？　入社日は〇月△日？」

「いや、こっちのほうが2週間早いから、違う。ほかにどこがあるかな……入社前はどこで働いてた？」

「Amazon」

「ひょっとして、Amazonで面接官とかたくさんやってた？」

「たくさんやってたけど……あ！　Amazon受けたよね？」

「受けた。残念ながら落ちたけど……でも、お前の問題はちゃんとできたよな、海があって島があって……」

「そうそう、その問題出したよ。久しぶり！」

「おう、久しぶり！」

　彼がAmazonの面接を受けた時に私は面接官をやったのですが、彼は残念ながら不合格でした。しかし、それから数か月後、彼も私もMicrosoftに入社したわけです。

　というわけなので、たとえ面接時に「絶対に落とされる」と思って諦めても、面接官と喧嘩してはいけません。自分がどこかに入社して面接官をやることになっても、候補者をぞんざいに扱ってはいけません。あなたの面接の問題がうまくできなかったとしても、たまたまその時だけ調子が悪かった可能性もあります。

　面接官が候補者に失礼なことをしてはいけない理由は、会社側としては「候補者も会社の客になりえる。たとえ不合格で社員になってもらえなくても、会社のファンにはなってもらえる」ということがよく言われますが、面接官個人として、もう1つの理由「将来同じところで働く可能性がある」も頭に入れておきましょう。

ホワイトボード
コーディング面接を
突破する

CHAPTER 04

前章では、転職や就職する際の流れを時系列でお話しました。いろいろな注意点に触れましたが、その中で一番大事なことは「面接を通過して、仕事のオファーに結びつけること」です。それができなければ、どんなに素晴らしいレジュメを書いても、いかに入社条件の交渉が上手でも、就職することはできません。特にエンジニアの場合、コーディングを伴った面接を突破することが面接の中でも一番難しく、最も大事なことになります。

　本章では、1時間ほどのコーディング面接について、また時系列に沿って細かく説明します。面接に必要な考え方、特に大切なコミュニケーションの仕方にフォーカスを当てていきます。面接問題に出てくる詳細技術をカバーしようとすると、それだけで1冊の本になってしまうので、ここでは割愛します。技術的な知識と試験勉強のためには、最後に対策本と対策サイトを紹介しておきますので、そちらを参考にしてください。

「仕事の実力」だけでは不十分

　面接の目的は、「候補者の実力が十分あるかどうか？」を判定することなので、本来は仕事の実力さえあれば合格できるべきです。実際に、採用側もそうするための努力はしています。たとえば、インターンシップは実際に長期間仕事を一緒にすることになるので、かなり正確に判定できる良い方法と言えるでしょう。

　しかし、すべての候補者を実際に働かせて合否の判定をするのは不可能です。そこで、時間などのさまざまな制約の中で、一番正確に判定できる方法が考え出されました。それが、面接官の目の前で、求める機能を実現するコードをホワイトボードに書いていく「ホワイトボードコーディング」です。ソフトウェアエンジニアの面接で、最も一

般的な方法です。

　もちろん、仕事の実力、コーディングの能力が必要ではありますが、それだけでは不十分です。実際の仕事の場面では、ホワイトボードコーディングはやらないからです。普通は自席で1人で無言でキーボードを叩いて書く関数を、立った状態で、面接官に説明しながら、手書きすることになります。普段の仕事と雰囲気も全然違うので、頭が真っ白になってしまう人もいます。上手にこなすためには練習とコツが必要なのです。

コーディング面接の流れ

　オンサイト面接では、45分から1時間ぐらいの面接を、それぞれ違う面接官相手に、4回から6回ぐらいやることになります。時間内で1つか2つのコードを書くことになる場合がほとんどですが、図を書いてアーキテクチャやデザインを説明するよう求められたり、問題の解決方法について1時間ずっと議論することもあります。

✔ 自分のペースをつかむ、緊張を避けられることは何でもする

　だれでも緊張するのは当然です。しかし、できるだけ緊張を少なくできたほうが、自分の力を出しやすくなります。前章でも触れましたが、面接開始時点でものすごく緊張していたら、面接官に「トイレに行きたい」と伝え、トイレで仕切り直しましょう。体を動かしたほうが緊張が解けることがあるので、面接室のホワイトボードに文字が残ったままだったら、率先して消しましょう。面接官と雑談するのもお勧めです。

　これも前の章の繰り返しになりますが、最初の会話の中に軽いジョークを入れられると最高です。別に面接官を大爆笑させる必要はあり

ません。少し微笑んでくれれば、それだけでほかの候補者にはないスタートダッシュをしたことになり、大成功です。反応が薄くても、相手はエンジニアなので感情を表に出さないだけかもしれません。マイナスにはならないので、気にしないようにしましょう。

　ちなみに、私が何度か使ったものは、なにか飲みものが要るか聞かれた時に

　「コーラが欲しい。今日はカフェインがたくさん必要だ」

というものです。こんなレベルのアメリカンジョークで十分です。こちらの緊張をほぐそうと、こんなので大爆笑してくれる優しい面接官も、けっこうな割合でいます。そういう人に当たったら、あなたはラッキーです。がんばりましょう。

✔ 一般的な質問には短くまとまった返答をする
　面接が始まるなり、最初の雑談さえもスキップしていきなりコーディングの問題を出す面接官もいれば、最初は一般的な質問をする人もいます。

　「なぜこの会社を選んだのか？」
　「なぜ転職を考えているのか？」
　「今までの経験は？」

などのよくある質問に対する答えは、あらかじめしっかり考えておきましょう。しっかり、と言っても、「簡潔で中身の濃い答えを考えておきましょう」という意味で、5分間にわたる長い演説を考えましょう、という意味ではありません。

　ここで滔々と演説を始めてしまう候補者がけっこういるのですが、

話しすぎは良い印象を与えません。短くまとまった返答をして、対話に持っていきましょう。ここで時間を使いすぎるとコーディングの時間が少なくなってしまって、そちらでも低い評価が付きやすくなってしまいます。

　最初の質問には、技術的なものもありえます。「仮想関数とは何か？」「ハッシュテーブルはどのような仕組みか？」などです。コーディングの問題に集中しすぎて、このようなエンジニアの基礎体力的な部分がおろそかになっている候補者をよく見かけます。これらの問題もしっかり押さえておき、簡潔に説明できるようにしておきましょう。もちろん、自分がその概念を理解していることが十分伝わるだけの情報は答えに盛り込んでください。

✔ ネガティブなことを言わない

　よくある質問の中で特に気をつけなければいけないのは、「なぜ転職を考えているのか？」と「前の会社はなぜ辞めたのか？」です。どんなに酷い環境で働いていたとしても、ネガティブなことを言うとあなたへのデメリットしかありません。私の友人で、面接に落とされて

「技術的には問題がなさそうだけど、現在の会社でかなりアンハッピーなようだ。うちの会社でハッピーになってもらえる自信がない」

というフィードバックを受けた人がいます。リクルーターの人がかなり同情してくれて、

「辛いだろうけど、あなたの実力ならば次はきっと大丈夫よ。でも現職の悪口は止めておいたほうがあなたのためよ」

とまで言ってくれたそうです。

　もし前の会社からレイオフされた場合、それは恥ずかしがったり隠したりする必要はありません。むしろ、「説明しやすい理由があってラッキーだ」と考えましょう。はっきりと「レイオフに遭ってしまいました」と言って問題ありません。それで質問は終わりになります。もし、それだけでは居心地が悪いなら、「部署全体がレイオフに遭った」とか「全従業員の 25％が一度にレイオフになった」などと、本当に運が悪かったことを強調してもいいかもしれません。

✔ 問題を出されたら、とにかく確認する

　いよいよコーディングの問題が出されます。問題を聞いたら無言でコードを書き始める候補者がいますが、それはたいてい落とされます。

　まずは、しっかり題意を確認しましょう。少し表現を変えて、自分の言葉で言い換えてみて、それで合っているか確認してください。「少し確認したいのですが……」などと言って、自分は確認のために質問しているのだ、理解できずに質問しているのではない、と軽く主張してもいいでしょう。問題の制限の有無、入力データのバリエーション、エラーチェックについても同様です。面接官に何も言わずに、自分にとって都合の良い仮定に基づいて進んだりしないように気をつけましょう。

　たとえば、int の 2 次元配列が入力として与えられる問題だったら、

- 行と列の長さは等しいと考えていいか？
- 要素として、負の数はありえるのか？
- 要素の重複はありえるのか？
- null チェックをする必要はあるのか？
- 何らかのソートがされているのか？

などを確認しないと、最適なアルゴリズムは大きく変わってくるかもしれません。もちろん、問題の内容により、確認しなければならないものはほかにもありえますし、これらをすべて確認する必要がないこともあります。

　確認の質問には、面接官がストレートに答えてくれることもあれば、「どうするといいと思う？」と聞かれることもあります。その時にはもちろん、妥当性のある答えが求められています。すべてを面接官に教えてもらうのではなく、提案を含めて質問するほうが話も早いし、自分が理解していることを示す・確認することもできます。たとえば、

「返り値の型は int の配列で問題ないか？」
「エラーが起こったら null を返すのでいいか？」
「exception を投げるのでかまわないか？」

といった具合です。

　私としてはあまり好きな方法ではありませんが、最初にわざと曖昧な言い方で問題を出して、候補者が曖昧な部分を確認してくるかをチェックする面接官もいます。その場合、確認なしでコードを書き始めたりしたら、その時点で "No Hire" が1つ付くことが決定です。

　なぜそんな意地悪をするかというと、勝手な思い込みの下に突っ走ってしまって、後になってから大きなまちがいに気づくような人とは一緒に働きたくないからです。最初に確認することで将来の手戻りを防止できるようなコミュニケーション能力を見ようとしているわけです。

　特に、実世界に存在するものを使った問題には注意が必要です。自分の頭に最初に浮かんだものと違うものを面接官が想定していることがよくあるからです。たとえば

「エレベーターを動かすアルゴリズムを説明してください」

と聞かれた時に、すぐに細かいアルゴリズムの説明を始めてはいけません。まず最初に聞くのは、建物の大きさです。5階建てのビルと100階建てのビルでは、エレベーターの数が違います。エレベーターが1つだけのビルと複数のビルでは、アルゴリズムはもちろん、全体の構成から全然違ってきます。

✔ 最適でなくても方針を説明する

　確認が終わって題意をしっかり把握したら、次は問題解決の方針を考えて、簡潔に説明します。説明なしにコードを書き始めると、コミュニケーションでマイナスがついてしまいます。また、方針にまちがいがあった時には、時間をかけてコードを書いていったところでようやく面接官がまちがいに気づくことになります。気づいた時には、もう時間切れです。

　口頭で説明したアルゴリズムにまちがいがあった場合、普通は面接官が何かしらヒントを与えてくれ、短いディスカッションが始まります。方針が十分良いものになったら「じゃあ、そのコードを書いて」と面接官が言ってくれます。この言葉が聞けたら、「序盤は成功」と考えてまちがいありません（言われなかったから絶対ダメだ、というわけではありません）。

　すぐに良いアルゴリズムが思いつかないことも、もちろんあります。しかし、そこで何も言わずに黙って考えるのは得策ではありません。

「まだ答えまでたどり着く方法は見つかってないけど……」

などと言いながら、わかっていること、またはどの方向で考えているかを説明して、ディスカッションに持っていきましょう。入力の具体

例をいくつか挙げて出力を計算し、そこから一般化できないか考えるなども、いい方法です。普段の仕事でエンジニア同士が解決策を話し合うのはよくあることなので、ディスカッションでヒントをもらってそこから解法にたどり着けたら満点です。自力ですべてやるより良い評価がもらえる可能性まであります。

もし、しばらく無言で考えたいなら

「少し考えさせてほしい」

と伝えてから考えましょう。とはいえ、その後何か思いついたら、何でも口に出して伝えましょう。

最悪のシナリオは、「それなりの解法は思いついたけど、もっと効率の良い方法がある気がするので、無言で考えている」という状態です。面接官からは、何もわからずに貝になってしまったように見えるだけです。まずは思いついた解法を説明して、そこから面接官と一緒に改善できれば OK です。ひょっとしたら、テディベア効果[1]で、説明しているうちに改善案を思いつくかも知れません。

✔ ホワイトボードに余白を確保する

ようやくコーディングに移るわけですが、「ホワイトボードコーディング」というのが曲者です。普段の仕事ではまったく必要のない技能が要求されるからです。今までホワイトボードにコードを書いたことない人が何も考えずに書き始めると、かなりの確率でスペース不足で困ることになります。あたりまえのことですが、コンピュータ上のエディタとは違って、一度書いたコードに後から数行挿入するのは大変なので、最初から余白を確保した状態で書き始める必要があります。

普通の横長のホワイトボードに書くとき、コードの 1 行目を書き始

---

[1] 質問するために説明しているうちに、自己解決してしまう現象。説明の相手は人間である必要はなく、テディベアでもかまわない。「説明することで問題が脳内で整理させるために起こる」という説がある。

める場所は、左端から横幅の4分の1ぐらいマージンを取ったところの、できる限り上端にします。後で数行書き足す必要が出てきたら、マージンの部分に書きます。複雑な問題だったり、関数を複数に分けたりする場合のために、メイン部分は2カラムは書けるように心がけましょう。

　字の大きさは、大きすぎないように気をつけましょう。近くに座っている面接官1人が読めさえすればOKです。行間は後からもう1行書き足すことになっても大丈夫なぐらいは空けておきます。

▼ホワイトボードのレイアウト

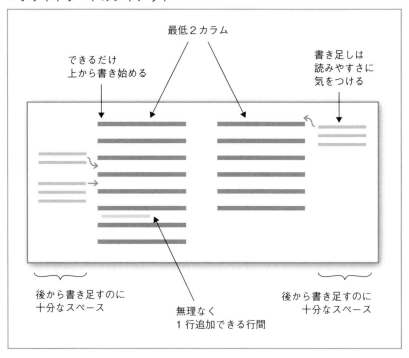

　このあたりのテクニックは面接の内容の本質とは関係ありませんが、本質でないところに邪魔されて自分の本領を発揮できないほど残念な

ことはありません。「中身が大事」とはいっても、最後の仕上がりが読みやすいものであるか、後から見たらとても理解できない汚さなのかで、やはり印象は変わってきてしまいます。スペース不足が原因で焦りすぎて、だれにも読めないような字で書いて誤魔化そうとし始める候補者もいます。気をつけましょう。

✔ 処理の塊ごとに説明する

では、実際にコードを書き始めます。一番大事なことは、黙って書き続けないことです。処理の塊ごとに、どういうことをやるのかを口で説明してから書くと、面接官もフォローしやすくて、コミュニケーションがスムーズにいきます。説明したことがおかしな方向に進んでいる場合、事前に説明すると、ほとんどの面接官が方向修正を示唆してくれます。黙ってコードを書いていた場合は、面接官がまちがいに気づくまでに時間がかかり、ひょっとしたら気づいてからも、黙々と書くあなたを遮るのに躊躇してしまって、さらに時間が浪費されてしまうかもしれません。時間の浪費は、常にあなたに不利になります。

メインの関数から無理なく分けられるならば、積極的に別の関数に分けましょう。口頭で処理の説明をした後に、関数コールを1行だけ書いて

「後で、この関数の中身も書きます」

と言ってください。もちろん、複数回やっても OK です。

そうして、まずメインの関数を最後まで書いてしまうと、良いことがいろいろあります。

- 全体の流れがわかりやすくなるので、面接官に伝わりやすい
- 方針に大きなまちがいがあった時に、早めに気づける

・書き終わってからバグを探す時に、見つけやすくなる

　通常のコーディングの時と同じですね。さらに、面接特有の良いこととしては、「綺麗なコードを書く」という評価がつく可能性が上がること、そして簡単な処理の関数ならば面接官が「それは書かなくてもいいよ」と言ってくれ、時間を節約できる可能性があることが挙げられます。

✔ バグを見つけて修正する

　最後まで書けたら、すぐに「書けました！」と言いたくなる気持ちはわかります。しかし、そこはぐっとこらえて

　「書けたと思いますが、少しチェックさせてください」

と言ってください。1分ほどでいいので（あまり長すぎると逆効果です）、チェックしてみましょう。面接官はあなたが書くそばからコードを読んでいるので、コーディングでバグがあったらすでに気づいている可能性が大きいですが、自分で見つけられたほうが印象は良くなります。もし、バグを見つけたら、無言で直してはいけません。バグを見つけたこと、このままではどう誤動作するかを説明し、修正しましょう。

　そして、問題なさそうならば「できました」と言ってみます。まだバグがある場合、すぐに面接官が「バグがあるよ」と言うことでしょう。「こういう入力が来たらどういう動作をする？」という聞き方をされるかもしれません。どこにどういうバグがあるかを候補者に探させる人もいれば、どういうバグがどこにあるかまで指摘してくれる人もいます。

　どのケースでも、一番大事なことはバグの内容を理解して、「理解

した」と面接官に伝えることです。稀に、面接官の勘違いの可能性も
あるので、その時には真摯に「なぜ、そこがバグではないか」を説明
します。場合によっては、これはコーディングそのものより大事な面
接結果の分岐点です。

　自分のコードにバグがあった時に

　「これはバグだ。これではこうなってしまうので、想定どおりに動
かない。こうやれば直せる」

と冷静に分析できる人に比べて、

　「これはたいしたことではない」
　「よくあるまちがいで、俺は悪くない」

というようなことを言う人の評価は確実に悪くなります。自分の書い
たコードであることは忘れて、他人のコードのバグを見つけて直して
あげるぐらいの気持ちで分析して、修正しましょう。バグの重要度の
分析は、少し厳しめに言うのが吉です。

✔ コーディング終了でも面接終了ではない

　さて、良さそうなアルゴリズムで解くコードが書けました。バグは
最初からなかったか、あっても修正できました。コードが完成したら
ひと段落であることにはまちがいありません。しかし、ここから先の
ディスカッションも、じつは同じぐらい重要です。面接開始時に親切
に言ってくれる面接官もいますが、

　「問題が解けるかどうかが重要なのではない。問題へのアプローチ
の仕方が大事なのだ」

ということを忘れないでください。コーディング終了後、この大事な部分が集中して問われることになります。

　コードが完成した後に聞かれる質問で代表的なものは、それほど多くありません。

- コスト（計算量）はどれぐらい？もっと高速化する方法はある？
- どうやってテストする？どんな入力を試すべき？
- 問題の前提だった○○の制限がないとしたら、もっと効率的な方法はある？

　ともすると、面接の内容が普段の仕事に最も近くなるのがこのディスカッションの場面かもしれません。いわゆる問題解決能力が問われることになります。

　実際の仕事の場面で、新機能を入れるとき、バグを修正するとき、コードレビューで疑問を持ったとき、同僚との議論が始まります。楽しく一緒に仕事をできる同僚は、楽しく建設的な議論ができる同僚です。自分の考えは簡潔明瞭に説明し、相手の考えはしっかり聞いていることを相手に伝え、質問にはダイレクトに答えましょう。

　ここでの内容が、そのままあなたの最後の印象になりがちです。面接官によっては、面接後しばらく経ってからフィードバックを書く人もいます。最後に良い印象を残すためにも、建設的な議論をしましょう。議論が収束した後に、軽いジョークで締めくくれれば最高です。

　そして最後に、こちらからの質問がないか聞かれます。日本の面接ほどダメージが大きくはないかもしれませんが、「特にありません」は最悪の答えです。必ず、何か聞きましょう。会社の何が気に入っているかでも、どんなプロセスを使っているかでも、お金以外のことならば基本的に OK です。ただ、日本の就職活動と同じように、仕事の

内容について質問して意欲をアピールすると、面接官によっては効果的です。しつこいようですが、面接の最後にも軽いジョークで……少し言いすぎでしょうか。

✔ 終了後は次に集中する

ここまでで、1つの面接が終了です。大変おつかれさまですが、昼食とほかのスタイルの面接も交えながら、これを4回から6回ぐらい、1日でこなすことになります。

面接の時間が少し長引くことはよくあるので、1つ終わったと思った途端に次の面接官が入ってきて、すぐに次が始まったりします。前の面接の出来があまり良くなかったとしても、引きずってはいけません。すぐに気持ちを切り替えて、新しい面接官との新しい面接に全力を傾けてください。1つ前の失敗を悔やんでも、良いことは何もありません。現在進行中の面接の出来が良ければ、総合点で失敗を埋め合わせられる可能性はあります。

もし、切り替えが難しいと感じたらどうしますか?

そうです、トイレに行ってください。

ノーヒントで解くより 「こいつと一緒に仕事をしたら楽しそうだ」

面接に臨む前に頭に入れておかないといけない、重要なことがあります。面接は、クイズ番組とは違って、ノーヒントで問題を解くか解かないかの勝負ではないということです。繰り返しになりますが、面接の冒頭で

「最後まで問題が解けるかどうかは重視しない。問題へのアプローチのほうが大事だ」

と教えてくれる面接官もけっこういます。

　すぐには解けないような難しい問題が出ることもあり、その時には面接官とディスカッションしながら解答にたどり着くプロセスを踏めるかがチェックされます。まちがえた時の面接官からのツッコミをうまく使って前に進む「コミュニケーション能力」がとても重要です。

　そして、面接を受ける側として一番重要なことは、面接官に

　「こいつと一緒に仕事をしたら楽しそうだ」

と思わせることです。ホワイトボードに綺麗なコードを書くことも、アルゴリズムを考えて簡潔に説明することも、バグがあることを指摘されて修正することも、技術的な質問に的確に答えることも、面接官のツッコミに応じて議論することも、過去のプロジェクトについてわかりやすく説明することも、会社に合った服装をすることも、当日の朝に歯を磨くことや顔を洗うことまで、すべて

　「私を合格にして一緒に仕事をすると、いいことがありますよ」

と伝えるためのものです。これを常に忘れないでください。

「コミュニケーション能力」とは、アイディアを説明すること、人のアイディアを取り込むこと

　前項の繰り返しになりますが、これは非常に大切なことなのでもう一度言います。一番大事なのは

　「こいつと一緒に仕事したら楽しそうだ」

と思わせることです。技術的に優れていて、難しい問題も解くことができ、きちんとした議論ができる人と一緒に働きたいと考えるのは、ほぼ皆同じです。面接官もエンジニアなので、あまり社交的でない人もいます。朗らかさやフレンドリーさはもちろんプラスですが、相手によってアピール度が変わってきます。

　日本での面接における「コミュニケーション能力」とは少し違う意味になるかと思いますが、アメリカでのソフトウェアエンジニアの面接では、

- 他人の意見を客観的に聞けるか？
- 他人から学べるか？
- 自分の意見を主張できるか？
- 意見が対立した時に、自分の意見に拘泥せずに、正しいジャッジができるか？

が重要です。

　たとえ自分が正しくて、面接官の言うことがまちがっていたとしても、自分の意見だけを何度も主張するのは得策ではありません。相手の意見を自分の言葉で言い換え（これで、自分が相手の意見を理解していることを示せます）、その中でどこがおかしいのかを指摘し、自分の意見ならばその問題がないことを述べる ── といった、相手もすんなり納得できる形で主張する必要があります。

　もし、自分が誤解していた場合、相手の意見を言い換えているところで誤解が見つかります。そこでまた相手の話をよく聞き、まずは相手の意見を理解することが肝要です。普段の仕事での技術的ディスカッションでもそうですが、自分の意見に問題があった場合にすぐに取り下げる態度は、特に面接の場面では評価されます。もし、相手の意見と自分の意見を合わせることで、どちらの頭の中にもなかったより

良い結論を導くことができれば、最高です。

問題に出しやすい技術、出しにくい技術

　面接で出される問題は、短い時間でコードを書くのに適当なものに限られます。なので、仕事でよく使われる技術がそのまま面接でよく出てくるわけではなく、面接に出しやすい技術が存在します。

　ここでは、面接を通るために最低限知っておく必要のある技術の使い方を、ジャンルごちゃ混ぜで簡単に説明します。「これさえあれば合格」というものではまったくないので、ご注意ください。それとは逆に、「これらをすべて知らないと、まず不合格」と考えてください。それぞれの技術がどういうものかの細かい確認は、別の情報ソースで調べてください。

✔ Big-O notation（ランダウの記号）

　コードを書く面接で、計算量を聞かれないことはまずありません。常に意識しましょう。特に大きなデータを扱う会社では、非常に大事な概念です。アルゴリズムのコストはどれぐらいか聞かれたら、計算量を意味していることがほとんどです。確認したうえで、Big-O で答えましょう。

　一重ループならば $O(n)$、二重ループになると $O(n^2)$ は直感的にイメージできるようにしておくと、議論がスムーズに進みます。ソートされていない配列で任意の値を見つけるのは $O(n)$、ソートされているならばバイナリサーチで $O(\log n)$ にできます。同じものが Hash table に格納されているなら、$O(1)$ になります。$O(n \log n)$ でソートできるアルゴリズムの名前と基本的な仕組みは頭に入れておいたほうがいいでしょう。

110

CHAPTER 04　ホワイトボードコーディング面接を突破する

　計算量に比べると頻度はぐっと減りますが、メモリ消費量も聞かれることがあります。計算量を答えた直後に、一緒にメモリについても言及すると、より良い印象を与えることができるでしょう。ある問題に複数の解法がある場合、それぞれのメモリ消費量と計算量がトレードオフの関係になることはよくあります。

✔ Hash table（ハッシュテーブル）

　任意の要素へのアクセスが O(1) なので、複雑なほとんどの問題が、これで解決できてしまいます。たまに「Hash table を使わないで」という制限をつけた問題を出す人もいるぐらい強力です。

　仕事でも使うケースがとても多いので、職務経験があってこれを知らないとかなりマイナスになってしまいます。1 つ以上のデータを保存する必要がある場合、まず Hash table をうまく使えないか考えましょう。その時、何を key にして、何を value にするか、アクセスが一番簡便になる選択をするように気をつけてください。

　電話面接では、Hash table の仕組みを聞かれることもよくあります。基本概念、hash collision のハンドリング方法、最悪の場合のアクセスコストなどは、簡単に説明できるようにしておいたほうがいいでしょう。

　時々、key の存在の有無だけが必要な情報で、value が必要ではないような問題も出てきます。そのような時には Hash set を使うのですが、その存在を知らないために「Hash table を使うと、ダミーの value を設定しなければならなくなるので良くない」と考えて、まったく違うアプローチを試みて失敗してしまう候補者がいます。私が面接官の時にはそういう候補者には教えてあげますが、そういうことをしない主義の面接官もいます。こちらも頭に入れておきましょう。

111

✔ Recursion（再帰）

　実際の業務で使う機会はそれほど多くないのに、大学の授業でも面接問題でも頻出なのが Recursion です。授業を受けただけでは「数学の計算ぐらいにしか使えない」という印象を受ける人もいるようですが、面接の問題では適用範囲はかなり広くなっています。ループでやろうとすると複雑になってしまう処理をすっきりさせることができるので、何か列挙しなければいけないような問題があれば、これを考えてみましょう。

　よく出てくるのは、以下のものです。次に紹介する Tree が出てきたら必須です。

- Depth First Search（深さ優先探索）
- Power set（冪集合）
- Flood fill
- Path traversal

　Binary search はループでも書けますが、Recursion を使うとよりシンプルになります。頻出問題として「単方向リンクリストの向きを逆にせよ」というものがあるのですが、コールスタックが深くなることを気にしなくてよければ、Recursion でとてもすっきりします。

✔ Tree（木構造）

　基本レベルの問題として、よく出てきます。基本概念をしっかり押さえておきましょう。さまざまな種類がありますが、すべての違いを覚える必要はおそらくないでしょう。

　しかし、Binary search tree の定義は必要です。面接官によっては、Binary search tree の意味で単に "Tree" と言う人も時々います。さすがに、それは面接官に問題ありではないかとも思ってしまいますが、

残念ながら面接官がこちらのパフォーマンスを判定する場なので、気をつけて確認することで無用な減点を避けたほうがよさそうです。in order、pre order、post order の違いについてと、Trie や B tree などの代表的なものについても頭に入れておくと安心です。

問題の形式としては、「Tree を使って〜をする関数を書きなさい」といった形で聞かれることがほとんどです。データ構造の指定なしで問題を出されて、解法を考えている時に Tree を使うことを思いついたら、少し待ってください。Hash table や Hash set で同じことができませんか？

✔ Array（配列）

入力として配列が与えられ、そこから何かを紡ぎだす形式の問題は非常によく出されます。解法が思いつきやすいため、題意の確認を忘れてしまうことがよくあるので、気をつけてください。前項の「問題を出されたら、とにかく確認」に例を挙げてあります。

たいていの問題は O(n) が最適解なことが多いので、リニアに解答にたどり着けるか、必ず考えてみましょう。最初に $O(n^2)$ のアルゴリズムを思いついた場合、まずは $O(n^2)$ であることに言及しながら説明して、面接官からより良いものを求められるか、ヒントをもらえるか見てみましょう。

もし、入力がソートされていないけれどソートすれば解けるならば、答えの一部としてソートしてしまう手もあります。O(n log n) ですが、$O(n^2)$ より良い結果となります。また、O(n log n) なソート法にどういうものがあるかは必須知識です。

ポインタを直接使わない言語が増えているためか聞かれることは減っていますが、ポインタの概念を使う問題を出されることもまだあります。基本は押さえておいたほうがいいでしょう。

【例題】
複数の解法とコストのバリエーション

　上記の内容に気をつけながら、実際の面接を脳内シミュレーションしてみましょう。ここで例題を挙げ、その解説をしたいと思います。解説を読む前に、できれば実際に自分で解いてみてください。

【例題】
　入力として、int 配列と、ターゲットとなる数が1つ与えられる。和がターゲット数となるような2つの数を配列から取り出す関数を書きなさい。

✔ 必要な情報を聞き出す

　どうでしょう。コーディングできましたか？

　もし、ここを読んでいる時点でコーディングが済んでいるならば、残念ながら No hire の確率が高いです。

　繰り返しになりますが、最初に大事なことは、問題の内容をとにかく確認することです。この問題は、わざと曖昧な説明が含まれています。普通の仕事場で、すべての情報を、常に過不足なく説明する人は稀なので、自分で必要な情報を聞き出す能力が必要なのです。ここで聞くことは、たとえば以下のようなものになります。

- 返り値はどうするか？　答えの数のインデックスを返すのか、それとも値を返すのか、両方か？
  - 両方を返すならば、そのためのクラスを作ったほうがいいか？
  - インデックスのみを返すならば、返り値の型は Tuple でいいか？　Tuple の1つめに小さいほうの数のインデックス、2つめに大きいほうのインデックスとしたほうがいいか？　それと

も、インデックスが小さいほうを1つめにしたほうがいいか？

- 値のみを返すならば、片方の数がわかればもう片方はターゲット数から自明なので、int でもいいのか？　それとも、Tuple か？　Tuple の場合、1つめに小さいほうの数、2つめに大きいほうの数を入れるほうがいいのか？

- 条件を満たす2つの数の組み合わせが複数存在する場合、どうするのか？　すべて列挙する必要があるのか、1つだけ見つければいいのか？

- 値のみをすべて返す必要があるならば、同じ解が重複して存在する場合、存在する回数分、同じ解を答えに入れる必要があるのか？　1回だけ入れるほうがいいのか？

- 条件を満たす2つの数が存在しない場合、どうするのか？　例外を投げるか、エラーコードを返すか、null を返すか？

- 配列はソートされているか？

- 配列の中に、負の数は存在するか？（存在しないなら、それを利用してアルゴリズムを少し高速化できる）

- 配列の null チェックをする必要はあるか？

ここでは、面接官から以下の答えを得られた前提で進めることにしましょう。

- 返り値の型は int で、インデックスではなく、2つの値のどちらか片方、小さいほうでも大きいほうでも、返せばいい

- 条件を満たすペアが複数存在する場合でも、どれか1つ返せばいい

- 条件を満たすものが存在しないならば、自前の例外 ValueNotFoundException を投げる

- ソートはされていない

115

- int でありえる数すべてが存在しえる
- null チェックは省略していい

これで、題意の確認はできました。

✔ O(n²) の解法

まず、どういう解法が思いつくでしょうか。そのアルゴリズムを口頭で説明してみてください。一番単純な解法は

「すべての要素の組み合わせの和を計算して、どれかがターゲット数と一致するかチェックする」

でしょう。おそらく、面接官は「では、それでコードを書いて」とは言わないでしょうが、コードはだいたい以下のようになります。内部ループのインデックス j を i+1 から始めることで少し効率化をして、単純に二重ループを回すのと比べて計算量が半分になっています。しかし、O(n²) であることに変わりはありません。

▼ リスト　O(n²) のコード例 (C#)

```
static int OrderNSquareSolution(int[] elements, int target)
{
    for(int i = 0; i < elements.Length - 1; i++)
    {
        for(int j = i + 1; j < elements.Length; j++)
        {
            if(elements[i] + elements[j] == target)
            {
                return elements[i];
            }
        }
    }
    throw new ValueNotFoundException();
}
```

▼ O(n²) コード例のアルゴリズム

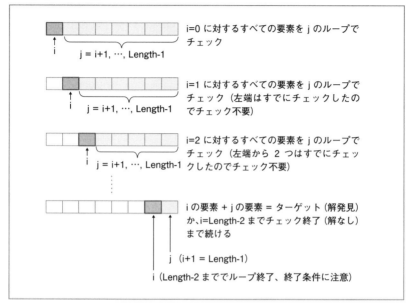

　余談ですが、単純に 2 重ループをインデックス 0 から配列長マイナス 1 まで回すだけでは、バグを作りこんでしまうことになります。i と j が同じ値の時に elements[i] と elements[j] の和が target と一致すると、まちがった答えを返すことになってしまいます。一見単純だけどインデックスの扱いを注意しないとまちがうような問題もあるので、注意してください。上記のコードでは、-1 や +1 を入れることで過不足なくすべての組み合わせをチェックするようにインデックスを調整しています。

　このアプローチを説明したら、面接官は「計算量はどうなる？」と聞くでしょう。これは二重ループなので、当然「O(n²)」となります。そして、もっと効率の良い方法はあるかを聞かれることになります。答えがわかるか、少し考えてみてください。

✔ O(n log n) の解法

　探索するときに、数の大小を利用できると効率的なアプローチが取れそうなので、まずソートしてみます。クイックソートやマージソートならば、O(n log n) です。

　ソートしてから、和がターゲット数となる 2 つの数を見つける部分は、O(n) でいけそうな気がします。配列の要素をたどるインデックス（またはポインタ）を 2 つ用意します。1 つのインデックス i は先頭の一番小さい要素から始まり、求める 2 つの数の小さいほうの数を指します。もう 1 つの j は、最後尾の一番大きい要素からスタートし、大きいほうの数を指します。2 つの数を足してみて、和がターゲット数より小さければ和をもっと大きくする必要があるので、i をインクリメントして、より大きい数で試してみます。和がターゲット数より大きいならば、j をデクリメントして、より小さい数で試してみます。

　こうして探索していき、和がターゲット数と等しいものが見つかればそれで終了。等しいものが見つかる前に 2 つのインデックスの値が同じになれば、条件を満たす数が存在しないので、例外を投げて終了です。

　ソートは O(n log n)、探索は O(n) なので、全体として O(n log n)の解法となります。全体として O(n log n) になるので、O(n²) より効率が上がっている、より良い解法です。ソートそのものが問題として出されることもあるかもしれませんが、ここでは単純に Sort 関数を呼んでコードを読みやすくするために、本来 in-memory でソートできる配列を List にコピーしています。

CHAPTER 04 ホワイトボードコーディング面接を突破する

▼リスト　O(n log n) のコード例（C#）

```csharp
static int OrderNLogNSolution(int[] elements, int target)
{
    // This part is O(n log n)
    List<int> sorted = new List<int>(elements);
    sorted.Sort();

    // This part is O(n)
    int i = 0;
    int j = sorted.Count - 1;
    while(i < j)
    {
        int sum = sorted[i] + sorted[j];
        if(sum == target)
        {
            return sorted[i];
        }
        else if(sum < target)
        {
            i++;
        }
        else
        {
            j--;
        }
    }
    throw new ValueNotFoundException();
}
```

▼ O(n log n)コード例のアルゴリズム

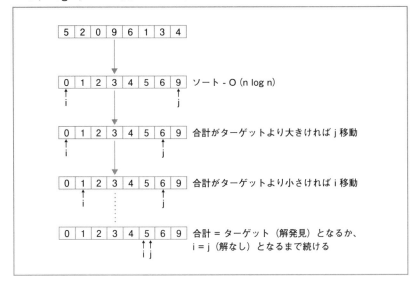

　これはけっこう良い解法だと言えるでしょう。しかし、じつは計算量がさらに少ない解法があります。まだ思いついてないなら、ここでもう少し考えてみてください。

✓ O(n) の解法

　配列の問題なので、自然と配列の内部だけで、in-memoryで解決しようと思考を制限してしまう人が多いのですが、最初の配列とは別にメモリを消費すればもっと速くなります。つまり、Hash setを使うのです。

　配列をソートすることなく、単純に頭から見ていきます。現在の要素との和がターゲット数となる要素がすでにHash setに存在しているかをチェックして、存在していれば終了、存在していなければ現在の要素をHash setに追加して、次の要素をチェックします。配列の最後にいくまでに見つからなければ、例外を投げて終了となります。

単純に、ループで配列の最初から最後までを舐めるだけなので、O(n)となります。しかし、上記の2つの解法に比べて、最大でn個のintをHash setに格納するのにメモリスペースが必要です。消費メモリ量を増やすことにより計算量を削減するトレードオフになっています。

▼リスト　O(n)のコード例（C#）

```csharp
static int OrderNSolution(int[] elements, int target)
{
    HashSet<int> visited = new HashSet<int>();
    foreach (var element in elements)
    {
        if (visited.Contains(target - element))
        {
            return element;
        }
        else
        {
            visited.Add(element);
        }
    }
    throw new ValueNotFoundException();
}
```

▼ O(n) コード例のアルゴリズム

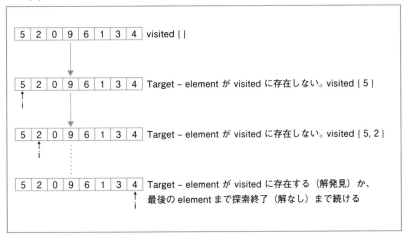

この最後の解にたどり着いたら、この問題についてはうまくいったと考えていいでしょう。$O(n \log n)$ の解でも、シニアポジションでなければ合格ラインより上かもしれません。どちらにしても、問題の確認の仕方、アルゴリズムの説明の仕方、面接官との議論が建設的なものであることが非常に大事です。

じつは、この問題は複雑なコードを書く能力よりも、解法にたどり着く問題解決力をチェックすることに重点が置かれているということに気がついたでしょうか。実際の仕事で配列が与えられた場合、配列内の操作だけで機能を実現することを考えがちです。その枠内から外に出ないと、この最速解にはたどり着けません。

本番の面接の時に、3種類の解すべてのコードを書くことは時間の制約上まずありませんが、解法のアイディアとしてすべてが議論に出てくることはありえます。繰り返しになりますが、まず $O(n^2)$ の解法を思いついたら、

「これは $O(n^2)$ なので、もっと良い方法がある気がするけど……」

と言いながら、とりあえず何かを思いついたことは説明しましょう。
大事なことなのでもう一度言いますが、頭に浮かんだことを伝えずに黙って考え込むのは、絶対に避けてください。どんな単純な解法でも、アイディアなしと思われるよりはずっと良いですし、議論をするうちにより計算量の少ない解法を思いつくことも十分ありえます。

どこで練習するか

面接において、問題を解くこと自体は最終ゴールではありません。

とは言っても、まったく歯が立たなければ技術力不足で No hire にな
ってしまいますし、もちろん解けたほうが解けないより良いフィード
バックを得やすくなります。どんな問題があるのか、どんなアプロー
チで解けるのかを学ぶ必要はあります。ただ、普段の仕事の能力が大
きなベースを占めるので、日本の大学受験のように何年もかけて準備
する必要はありません。

　実際の問題のバリエーションとその解法にフォーカスした面接対策
本があるので、それらで勉強することをお薦めします。日本語訳も出
ているようですが、実際にアメリカ企業の面接を英語で受けるのなら
ば、英語で問題を読んで解いて、英語で説明する練習をするほうが効
率的です。

　また、本来は面接を受けた人は出された問題を公表してはいけない
ことになっているのですが、ユーザーが問題と答えを投稿する Web
サイトも存在します。Web サイトのほうは少々信憑性に欠ける問題
も見かけますが、問題を解いてみることと、他人の答えを見てみるこ
とは、大変有用です。1 つの問題に複数の違うアプローチの解答が寄
せられることも多々あるので、どちらのほうが、どういう理由で優れ
ているかを考えてみるといいでしょう。

　以下、アメリカで有名な対策本 2 冊と、サイトを 2 つ挙げておき
ます。参考にしてください。もし、以下の 2 冊の本に載っている問題
をすべて解けるようになれば、コーディングそのものについてはまず
問題ないと思います。

　英語について不安がある方も多いと思いますが、この本の内容がわ
かり、"スラスラ"とはいかなくても口頭でコミュニケートできるな
らば、入社面接を突破するために必要な英語力は満たしていると考え
ていいでしょう。

- Programming Interviews Exposed: Secrets to Landing Your Next Job http://www.amazon.com/gp/product/1118261364/

- Cracking the Coding Interview: 150 Programming Questions and Solutions

  http://www.amazon.com/gp/product/098478280X/

- careercup

  http://www.careercup.com/

- LeetCode Online Judge

  https://leetcode.com/

アメリカで働くと
何が違うのか

CHAPTER 05

レジュメを書き、面接を受け、見事にオファーをもらい、入社が決まったとします。もちろんそれはゴールではなく、大きなチェックポイントにすぎません。実際の仕事が始まってからが本番です。アメリカ企業で働くのはどういう感じなのか、どういうことに気をつける必要があるのかを、この章でお話しします。

もちろん、会社やチームごとに文化もやり方も違うので、ここに書いていることがすべてのケースに当てはまるわけではありません。どの環境でも通用する"銀の弾丸"的なアドバイスは存在しません。

しかし、ここに書いている方法が自分の職場で実践されていないなら、それはしっかりした理由があってそうなっているのか、さしたる理由なしにそういう状況なのか、その方法を導入することが改善につながるのか、検討してみましょう。マネージャーに伝えるべき改善提案になるかもしれません。

飲み会なし、ほとんどすべてランチで済ませる

日本の会社に入社すると、まず部署の全員に紹介され、皆の前で挨拶をし、近いうちに歓迎会が設定され、居酒屋でお酒を飲みながら仲良くなる……というのが一般的でしょうか。アメリカでは、それよりずっとあっさりしています。

たいていは、初日にまず自分のマネージャーに会います。それからすぐにチームメンバー1人1人に紹介されることもありますが、新入社員のために特別に皆が集まったりはしないことが多いです。朝だとまだ会社に来てない人が多いからかもしれません。チームミーティングの時についでに紹介されるか、初日のランチをみんなで食べることにして、それが歓迎会代わりになったりします（それさえないこともあります）。立派な歓迎会がなかったからといって、落ち込む必要

はありません。単純にそういう文化なのです。

働き始めてからも、特別仲が良くなった同僚同士で個人的にディナーをともにすることなどはもちろんありますが、日本でよくある「部署での飲み会」はありません。もともと会社の人とプライベートで付き合わない主義の人も珍しくなく、「同僚とは会社だけの関係でいたい」という人にはかなり居心地がいい環境だと思います。

初めてアメリカで働き始める人に、強くお薦めしたい目標があります。

「1人でランチを食べない」

というものです。チームメートか席の近い人を誘って、できるだけ早く仲の良い人、顔見知りを増やしていきましょう。「英語で雑談をしなければならないランチは苦手だ」という日本人は多くいますが、同僚と仲良くなるにはランチがかなり有効です。

毎日メンバー同士で集まってランチに行くようなチームもあるので、そういうチームに配属されたらラッキーだと思って頑張って参加しましょう。もしそういう雰囲気がないチームだったとしても、慣れない環境の中で仲の良い同僚を作ることは必ずあなたの助けになります。話のしやすそうな同僚をランチに誘いましょう。もちろん、人見知りする同僚もいるので、断られることもあるでしょう。そういう人とはある程度一緒に仕事をして、最初の壁がなくなったあたりで誘うといいでしょう。

育った環境、年齢などの背景が違う人との話題を見つけるのは大変かもしれませんが、そういう人たちとの無難な話題としては、

• おすすめのレストラン
• 地域のイベント

- 自分がアメリカに来て驚いたこと

などが挙げられます。特にアメリカに来たばかりならば、タックスリターンだとかグリーンカードだとか、純粋にどういう仕組みになっているのかわからないことなどを聞くといいでしょう。それぞれのトピックに深い思い入れのある人が、熱く説明してくれるでしょう。自然に相手が喋る量が多くなるので、英語が得意でない人にはかなり楽になります。

　私は20代の独身だったころには自然に同年代の友人が数多くできましたが、相手が家族持ちだと、週末を一緒に過ごすケースはかなり限られてきます。家族持ちとプライベートでも友だちになるのは日本よりハードルが高いのです。現在の同僚だけでなく、以前の同僚たちと集まってディナーを食べに行くときも、家族持ちの参加率は目に見えて低くなってます。後述する「モラルイベント」が開催される理由も、その辺にありそうです。

残業代なし、コアタイムなし、好きなときに家で働く

　一説には、ソフトウェアエンジニアの生産性は人によって10倍、20倍ぐらい違ってくるそうです。そのような仕事において、勤務時間を測って給料を変動させたり、残業代を払う意味はありません。エンジニアは、新卒から皆、年棒制です（変動する業績ボーナスはありますが）。いくら夜遅くまで働いても、残業代は出ません。日本での残業代の話をすると、皆一様に驚きます。

　勤務時間は、非常にフレキシブルです。日本でいう「コアタイム」というものはありません。同僚に質問したり、議論したりすることもあるので、特に理由がなければ普通の時間にオフィスにいるほうが効

率は良いのですが、家庭の事情でオフィスを空けても文句を言われることはありません。

「今日4時からミーティングをしたいんだけど」
「いや、今日は3時に帰らないといけないから、明日にして」

という会話も珍しくはありません。実際に、この会話は渡米して間もないころに私がしたものですが、あっさり通ってしまって、逆に驚いたものです。ほかにも、以下の例もあります。すべて、同僚たちから聞いたものです。

「毎週水曜日は娘を迎えに行くから、3時半に退社します」
「洗濯機の配達が来るので、今日は家で働きます」
「集中して仕上げたい（同僚からの中断を最小限にしたい）仕事があるから、家で働きます」
「今日は子どもの学校行事に出るので、家で働きます。2時から3時半まではいません」

　こう書くと「仕事をサボり放題だ」と思われるかもしれませんが、そんなことはありません。時間の拘束がゆるいだけで、同僚がどんなアウトプットを出しているかは、お互いにわかっています。勤務時間は問われませんが、アウトプットの質と量で、成果主義の評価が行われます。
　日本から来たばかりのころは、パッと見た目ではがんばっているように見えない同僚たちにイライラすることがあるかもしれません（つまり、私がそうでした）。しかし、職場から定時前に帰っている同僚は、子どもが寝た後に、夜遅くまで仕事の続きをしているかもしれません。早く帰るために、早朝から職場に来ていたかもしれません。ひ

ょっとすると、彼は天才で、仕事が恐ろしく速いのかもしれません。

　会社での滞在時間、仕事にかけた時間といった判断基準は一度捨てて、

　「アウトプットから見ると、同僚たちがどう見えるか？」
　「自分のアウトプットはどう見えるか？」

を考える必要があります。たとえば、何かの処理の高速化に成功したならばハードデータをとってチーム全体にメールを送る、などの"アピール"は自然なことと受け止められています。自分でもやったほうがいいでしょう。

　忙しい中での時間管理の方法は人によってさまざまですが、小さい子どもがいる人に聞くと、家族に使う時間と仕事に使う時間を毎日きっちり決めて行動している人が多いようです。たとえば

　「朝8時に家を出て、子どもを学校に送り、会社で9時ごろから午後4時まで仕事。帰宅してから、夜9時までは家族との時間。夜は、必要に応じて仕事」

といった感じです。

　タイトな時間でアウトプットを上げるために、仕事時間を25分間ずつ区切って、その間には1つの仕事しかしないという「ポモドーロテクニック」はけっこう人気があるようです。私も使っていますが、「この25分間はこの仕事しかしない」と意識するのは、集中して仕事をする方法として効果大です。特に、集中を削ぐものが多い自宅で働くとき、2時間だけ働いた後どこかに行く必要があるといったときには重宝します。

ミーティングの量は最低限

　勤務時間の拘束はあまりなく、アウトプットで評価されるとなると、自然にそれぞれが効率的なアウトプットの出し方を考え始めます。そうなると、まず邪魔に感じられるのがミーティングです。1時間や2時間かかるミーティングを見ると、「この時間をコーディングに使えたら、どれぐらい仕事が進むだろう」と考えがちです。そこで、定期ミーティングなどでは

　「このミーティングを、この長さでやる意味はあるのか？」
　「この内容なら、ミーティングではなくメールで十分ではないか？」

などの質問が出ます。それを受けて、実際にミーティングがキャンセルになったり、時間が短くなったりすることはよくあります。ミーティングはあくまで効率的にソフトウェアを生み出すために存在するものなのです。

　そういうわけなので、いざミーティングに出席したならば、ミーティングに貢献して議論を進めることが非常に大事になります。時々、日本のメディアで

　「アメリカでは、会議中に発言しない人は呼ばれなくなる」

と書いてあるのを見かけることがありますが、これは実際当てはまっています。元々、参加人数をギリギリまで絞っているので、全員が会議に貢献することを期待されているのです。

　逆に、自分がミーティングを設定する立場になった時は、必要な人だけを招集するように気をつけましょう。無意味にたくさんの人を呼

びすぎると、

「自分は、今後このミーティングには出る必要はないと思う」

と言われてしまいます。

　自分がミーティングをホストする時に大事なのは、ミーティングのゴールをはっきりさせることです。ミーティングの招待メールにゴールを書き、ミーティングの最初に口頭でも説明するのがお薦めです。たとえば、以下のようなものがあります。

「時間内に、できるだけたくさんアイディアを出すのが目標」
「最初にアイディアを出し、順位付けされたリストを作成したい」
「このデザインでOKかをレビューする。時間的な制約があるので、特別ネガティブな点が見つからないならば、これで進める」
「デザインレビューをするが、複数のアプローチのどれが最適か決めかねている。どのアプローチが最適か、議論したい」

　全員がゴールを知っている場合とそうでない場合では、生産性に大きな違いが出てきます。時々、ミーティングの最中に

「このミーティングのゴールは何だ？」

と参加者が聞くことがあります。それは、ミーティングが迷走していて、参加者が意義を疑い出したということで、そのミーティングは失敗です。ほかにも、議論が紛糾して前に進まなくなってくると、だれからか定番の発言が出てきます。

「これは1時間のミーティングで、トピックが4つあるが、最初の

トピックですでに30分使ってしまった。これはとりあえず置いておいて、次に行こう」

　自分がホストしている時にこれを言われてしまうのはよくありません。時間の進行もチェックしながら進めましょう。

　あくまで私見ですが、技術レベルの高い会社ほど、ミーティングの時間に厳しい傾向にあります。そうでもない会社では、予定時間を過ぎてもダラダラ続けたりすること、だれかが調べれば解決するようなことを知らない人同士で「話し合う」ことが頻繁に見られます。そういう悪い癖が普段の仕事の効率にもつながっているような気がしてなりません。

開発プロセスは適量を追求

　会議と同じことが開発プロセスにもよく起こります。特に、アジャイルを採用しているところでは、頻繁にプロセスを変更する提案が出てきます。よくあるのは、プロセスを追加する提案ではなく、不要なプロセスを簡略化する方向のもので、ここにも効率を求めていることが現れています。もちろん、起こった問題の再発を防ぐための新しいプロセスの追加もあります。品質が特に重要な医療機器や測定機器などの業界では、テストフェーズに長期間かけて、品質第一で出荷まで持っていきますが、ほかの分野では品質とスピードのトレードオフは必然で、常に最適なバランスを探っている感じです。

　プロセスについての議論にはまったく興味を示さないメンバーもいますが、「いかにチームとしてのアウトプットを追求するか？」を考えることは、チーム内でのリーダーシップに直結します。議論の最中に積極的に発言するとともに、気づいたことを積極的に問題提起する

姿勢は、好意的に評価されます。プロセス上の各ステップがなぜ必要なのか、何に貢献しているのかを常に意識することは、非常に大事です。ツールの変更などで前提条件が変わったときなど、無駄なプロセスを省いたり、より効率的なプロセスに置き換えたりするためには、深い理解が必要です。チームで働き始めて、プロセスの内容を学んだら、すべてについて"Why"を考えてみましょう。答えがわからなかったら、

「なぜこのプロセスは必要なのか？　なくしたら、何か問題が起こるのか？」

と質問するのはとても良いことです。積極的に聞いてみましょう。

360度評価による成果主義

　ある程度以上の規模の会社になると、年に1回、"performance review"と呼ばれる業績評価プロセスがあります。その年の各個人の業績に応じてランク分けされ、そのランクに応じてボーナス（現金と株の組み合わせ）と昇給額が決まります。特に大企業で一般的なのが「360度評価」で、自分のマネージャーだけからではなく、自分の同僚や部下からも評価のフィードバックを受けます。業績評価の時期になると、エンジニアは3種類の資料を提出することになります。

- 自己評価（アウトプットとその効果、長所と短所、これから伸ばすべき分野など）
- 同僚の働きのフィードバック（上司に提出）
- 上司の働きのフィードバック（上司の上司に提出）

日本人の友人と話すと、このプロセスが嫌いだという人がたくさん
います。自分の業績がいかに素晴らしいものだったかを文章にするの
も面倒なら、自分の同僚を評価するのも楽しいものではありません。
フィードバックの機会があるからといって、嫌いな同僚の悪口を書け
ばそれでいいというわけではありません。

「自分が人を評価している時、そこから自分も評価されている」

という言葉があります。つまり、集まったフィードバックをマネージ
ャーが読んだ時に、マネージャーはフィードバックを書いた人がフェ
アな判断をしているか、大事なポイントをきちんと捉えているか、必
要な情報をうまく伝えているか、同時にジャッジしているのです。
　自分が同僚のフィードバックを書くときは、3つか4つぐらいの良
い点を詳しく述べた後に、1つか2つ欠点を述べるのが無難なバラン
スだと言われています。特に欠点については、読む人が当時の状況を
想像しやすい具体例を根拠として挙げると、説得力が出ます。
　そしてマネージャーが、あなたについてのフィードバックをまとめ
て評価をつけます。5段階評価になることが多く、単純に1から5の
数字で表されることもあれば、以下のような名前がついていることも
あります（言葉は会社によりまちまちです）。

- Exceptional（例外的高評価）
- Excellent（高評価）
- Very Good（普通）
- Fair（最低限はクリア）
- Improvement Expected（要改善）

マネージャーとしては、すべての部下に良い評価を付けたいもので

す。やはり部下が努力しているところは普段見ているし、高い評価をもらった部下のほうがモチベーションも上がるし、低い評価をつけると恨まれる可能性があるからです。とはいえ、パフォーマンスに差があるのにボーナスや昇給に差をつけないのもフェアではないので、苦渋の決断もしなければなりません。

　マネージャーが自分のチームメンバーに序列を付けると、次にはさらに大きい部署単位での序列を決定する仕組みになっています。数十人〜100人程度の部署のマネージャー全員が集まって、評価の高さを横軸にしたベルカーブにすべてのエンジニアを当てはめていきます。自分のチームのトップ評価のAさんと隣のチームのトップのBさんのどちらのほうが貢献が大きかったか、どちらを部署全体のトップにするか……などを話し合い、全員を順位付けしていくのです。具体的な細かいルールは会社によってさまざまで、100人いれば完全に1位から100位まではっきり並べる会社もあれば、「トップ」「平均」「下位」と3つのグループに分ける程度のところもあります。各ランクの割合も、「最高ランクは10％の部員で、次のランクは20％……」と必ず厳密に決める会社もあれば、「最高ランクは20％以下に抑えていれば何％でもよく、最低ランクは該当者なしもありえる」などとしている会社もあります。厳しいところでは、定期的に下位数％の従業員をクビにするところもあります。

▼パフォーマンスのベルカーブ

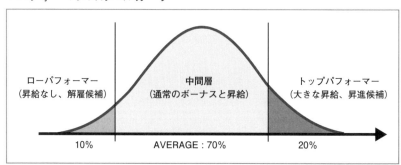

上司との評価面接は「今後の成長のための機会と方法を話し合う場」です。集まったフィードバックを元に、この1年で何を達成したか、素晴らしかった点は何か、改善すべき点は何かを、マネージャーが数ページのドキュメントにまとめ、その内容について話し合います。同僚や部下からのフィードバックはマネージャーのフィルタを通った形で伝えられるのが普通なので、だれがどのフィードバックをしたかはわかりません。しかし、たとえば Google のように、自分に対するフィードバックをすべて書いた人の名前付きで読めるようにしているオープンな会社もあります。

　各人の仕事の成果を評価するとき、360度評価は基本的にフェアな方法と言えるでしょう。

「あなたと一緒に働いた人たちがこう言っているので、こういう評価です」

という話には、納得せざるをえません。だからこそ多くの企業が採用しているわけですが、やはり問題はあります。

　まず、広くフィードバックを集めているものの、最終的には直属のマネージャーがまとめるので、恣意的にフィードバックをフィルタリングできるという問題です。その問題を軽減するのが「自分への生のフィードバックをすべて見ることができる」という手法ですが、オープンすぎて恐れられているのか、あまり普及はしていません。

　もう1つの問題は、「マネージャー同士で集まって、ベルカーブに当てはめる」プロセスのために、押しの強いマネージャーの部下が良い最終評価を得やすい点です。先述のとおり、すべてのマネージャーは自分の部下に高評価を与えたいものです。自分の部下の評価が1ランク上になるか下になるかの瀬戸際では、どのマネージャーもがんばって自分の部下を推すのですが、そういう交渉が苦手なマネージャー

は「負け」が多くなり、「このマネージャーの下で働いていると高評価をもらいにくい」という不公平なことになってしまいます。

そして最大の問題は、各ランクの配分がはっきり決まっている（「必ず10％の人を最低ランクにしなければならない」など）場合、最低ランクになりたくないチームメンバー同士で足の引っ張り合いが起こることです。長年にわたるその評価方法がMicrosoftを社内政治が横行する殺伐とした会社にしたという説は根強く、2013年にMicrosoftは "Stack Ranking" と呼ばれる評価のランク分けを撤廃しました[1]。

人事権まで握るマネージャー

マネージャーの裁量は、日本より大きくなっています。一部の例外を除いて、マネージャーは人事権を持ちます。自分の部下を増やす必要ができると、マネージャーが募集のための職務記述書の作成、面接のスケジューリング、面接官の手配を行います。たいていの会社では、合否の最終決断までマネージャーが行います。チームの責任者が最終決断を下せるのは、合理的な仕組みと言えるでしょう。

極端な例ですが、部下のパフォーマンスが必要レベルに達していない場合も、直属のマネージャーがプロセスを進める必要があります。"Employee Warning Letter" と呼ばれる「警告書」を作成し、その人に期待されている内容と現状の違いをはっきりと伝えます。期限までに改善が見られなければ、解雇になります。後で従業員に訴訟を起こされた時のために、会社側は各ステップごとに証拠を残しておく必要があり、警告書はその中の重要な存在になります。

こういう話を書くと恐怖感を抱かれるかもしれないので、念のために伝えておきます。直接知っている同僚がパフォーマンスの問題で解雇されるようなことは、長年働いていると時々見かけることはありま

※1 Why Microsoft Dumped 'Stack Ranking'
　　http://blogs.wsj.com/digits/2013/11/12/why-microsoft-dumped-stack-ranking/

すが、周りから見ても「この人ならまあ仕方がない」と納得してしまうケースがほとんどです。本人としてはしっかりがんばっていて、上手く行っているという自己認識があるならば、このような極端なことはまず起こりません。

採用やクビの極端な例以外にも、毎年の昇給額やボーナス、さらに昇進やチームの異動などについても、マネージャーは大きな権限を持ちます。もちろん、日々の仕事の内容にも影響があります。もしかすると、日本で働くときよりマネージャーとの関係が重要かもしれません。

関係を良好に保つために、マネージャーからのフィードバックを積極的に行動に反映させる、特にネガティブフィードバックをもらった時は特に意識して行動を変えることが大事です。マネージャー側から見ると、部下にネガティブフィードバックを与えるのは、部下に逆恨みされる危険がある行為です。

下手をすると、部下から自分への360度評価が悪くなってしまうかもしれません。「褒めて育てる」教育を受けた人が多いせいか、最初から聞く耳を持たないことも少なくありません。したがって、ネガティブフィードバックを受けるということは、上司から一定の信頼を得たということ、そして物事を改善してさらに伸びる人材だと思ってもらえたという解釈ができます。

そして、日々の仕事においては「マネージャーを利用する」ことを意識することも重要です。私がアメリカで働き始めた時、当時の上司との初めてのミーティングで

「君の仕事をスムーズに進めるために、私をどんどん使ってくれ」

と言われて驚きました。マネージャーの重要な職務は、チームが最大のパフォーマンスを発揮できるようにすることです。もちろん、それ

にはあなた個人のパフォーマンスも含まれます。その目標を達成する
ためには、時間をかけて1人で問題解決するより、マネージャーの時
間や権限を使ってもらって早急に解決するほうが効率的な場面が多々
あります。「全部1人でやりました」がある程度評価されることもあ
りますが、「マネージャーの時間を少し使って、半分の時間でできま
した」のほうが高評価になります。

　そのうえで、自分の1つ上のレベルのマネージャーがどういう問題
を抱えているかを常に考えましょう。そのうえで、問題解決に自分の
行動がどうつながるかを意識し、定期的に方向のすり合わせを行いま
しょう。

　週1回ぐらいのペースで"1 on 1 meeting"と呼ばれるマネージャー
と2人きりのミーティングがあります。自分が抱えている問題につい
て話し合う良い機会ですが、それに加えて、マネージャーが悩んでい
ること、チーム全体の問題についての情報源にしましょう。常にプロ
ジェクト全体、チーム全体の背景を理解し、自分の仕事がどのように
全体に貢献しているのかを考えましょう。そうすることで、無駄な仕
事を減らせるだけでなく、日本人が苦手な自分の成果のアピールに自
然とつながります。

日本式は通用したり、しなかったり

　もう1つ、入社して間もないころのマネージャーとのやりとりで、
面白いと思ったことがあります。私はこれまで5つの会社で働きまし
たが、働いてみて良かった会社では、入社直後に上司やチームリーダ
ーから

　「前の会社に比べてこの会社が良くないところがあれば、どんどん

言ってほしい」

と必ず聞かれました。
　もちろん、すべてがこちらの言ったとおりになるわけではありませんが、私のフィードバックを元に良くなったところもいろいろありました。周りを見てみると、たくさんのチームメンバーがしょっちゅう改善案を出して、マネジメントも極力フィードバックを反映させようという姿勢をはっきり見せていました。
　逆に、さまざまなおかしなプロセスがあって仕事の効率が明らかに悪くなっているような会社では、私を含む従業員からの改善案は

「この会社は、そういう会社ではない」

といった形で否定されることが度々ありました。
　同じようなことは、個人にも言えます。特に、日本で経験を積んでからアメリカに移ったエンジニアの中には、日本で築いてきたやり方にこだわって、それが周りに理解されず、苦労する人が時々いるようです。残念ながら、日本でのやり方が100％そのままアメリカでも通用すると考えるのは現実的ではありません。たとえば、

「実直に、きっちり良い仕事をしてれば、いずれわかってもらえる」

といった“幸運”はなかなかありません。

「自分のやったことの何が優れていたのか？　何がほかの人にはできないようなことだったのか？」

をきちんと言語化して、1：1ミーティングなどでコミュニケートす

るのは大事なことです。うまくコミュニケートできるようになると、ほかの国の人にはなかなか見られない「きっちり良い仕事をする」部分が高く評価されるようになります。

　自分のやり方の、どの部分なら変えることができて、どの部分はどうしても譲れないのか、考えてみましょう。そして、変えられる部分で一番変える必要があるのはどこか、考えてみましょう。比較的表層的なところ、上司やチームへの情報の伝達の仕方やミーティングでの話し方を変えるだけで大きな効果があるかもしれません。

　どこかを変えなければいけないと感じ始めたら、勇気を出して1：1ミーティングでマネージャーに直接アドバイスを求めてみましょう。

　「現状○○が問題だと思うので、××しようと思っている。それで改善できると思うか？」

　「○○が問題だと思うのだが、どうすれば改善できるのか、良いアイディアがない。どうすれば良いと思うか？」

といった形です。

　日本人を含むアジア人一般に対する上司からのフィードバックとしては

　「良い考えを持ってるんだから、それをもっと積極的に周りに伝えないと」

といったものが多いようです。

　技術情報の集め方にしても、たとえば「Web上では英語の情報しか検索しない」というような独自ルールを決めてしまっている人がいます。たしかに、新技術のドキュメントなどは英語のほうがずっと充

実していますし、技術ブログでも興味深いものがいろいろあります。また、英語で情報を集めることに慣れるために、あえて日本語を禁じるというのも悪くない方法かもしれません。

　しかし、日本語のほうが充実している情報も存在するので、問題解決のために検索するときなどは、両方に当たってみるほうが良い結果にたどり着く可能性が高くなります。たとえば、すでに存在している技術を初めて自分で試してみる時は、英語のチュートリアルより日本人がまとめた初心者向けチュートリアルのほうが簡潔でわかりやすい時があります。また、日本語が母国語であるため、新しい概念を理解するには日本語のほうが早い人も多いでしょう。「まずは日本語の解説でおおまかに理解して、それから英語の公式文書を読み込んで細かい部分を正確に押さえる」といったアプローチのほうが、習熟スピードが速くなります。

　極端な言い方をすると、アメリカではいわゆる"正しいやり方"は存在しません。独自の美学は特に大事なところだけに留め、それ以外はプラグマティックなアプローチを試してみたほうが、良い結果につながりやすくなります。特に働き始めのころは、長期的な視点と短期的なアウトプットをほどよく混ぜることを考えましょう。

反対意見はしっかり表明

　マネージャーから仕事のやり方について指示を受けたとします。その中には、まちがいがあったり、もっと良い方法があるのにマネージャーが気づいてないこともももちろんありえます。そのような場合、どうすればいいのでしょうか?

　まずは、反対意見を表明することです。もちろん、なぜ反対なのか、

相手が納得するのに十分な理由をつける必要はあります。

　「○○という方向に行くということは、××が△△であるという前提なのではないか？　実際には、××は常に△△であるとは限らないので、○○でやると問題が起こる」

などという形での議論は、常に起こります。

　相手が自分の上司だから、またはシニアレベルの人だから、と遠慮してはいけません。ただし、あくまでアイディアについての議論であって、相手の人格を否定するための議論でないことは大前提です。

　もし、相手の言うことにおかしなことが混ざっているけど、最終結論まで否定できるかわからないようなときは、単純に質問に留めておくといいでしょう。相手が特に良い「聞き手」であるならば、それをきっかけに、結論まで変わるかもしれません。自分の意見が相手とは違うもののあまり自信が持てない時にも、質問形式ならば、自分の意見を修正する情報を気軽に得ることができます。もし、情報を得ることで反対意見への自信が深まったら、そこで改めて提案すればいいのです。

　当然ながら、自分の反対意見のすべてが通るわけではありません。質問や議論を通じて、自分の意見の不備がわかった時や、相手の意見に理があることがわかった時には、率直にその旨を表明しましょう。社内政治や自分の立場上そうするのが難しいこともあるかもしれませんが、そのような態度をとることでチームメンバーの信頼を得やすくなり、さまざまな相談や提案が舞い込んでくるようになります。

　くれぐれも「自分がまちがっていたことにしたくない」だけの理由で議論を引き伸ばすのは止めましょう。ダメなチームメイトを騙すことはできるかもしれませんが、良いチームメイトは離れていってしまいます。

Disagree & Commit

　自分の意見を表明して説明しても、チーム全体の結論として、トップダウンで自分の意見とは違うものに決まってしまうことがあります。たとえば、100％技術的な議論で解決できるわけではない、議論だけでは結論にたどりつけないような問題については、特にそういうケースが増えてきます。

　そういう時にとるべき行動は、有名なフレーズになっています。"Disagree & Commit" です。

　「自分はその方針に反対であり、そういう話もした。しかし、チームとして決断が下されたので、チームの一員としてその方針にコミットする。その方針の実現に全力を尽くす」

というものです。

　反対意見を表明する自由、議論の自由はもちろんあります。しかし、それぞれの問題について「これ以上の議論は時間の無駄になってしまう」というポイントが存在します。100％自分が信じる形に持っていくために長時間を費やすのは、得策ではありません。たとえ自分の信じるところと 100％違う方向でチームが進むと決まった場合でも、"Disagree & Commit" は必要です。

　もし、すべてのことが自分にとって完全にまちがっていると思う方針に決定され、常に "Disagree & Commit" しなければならない状況ならば、どうしたらいいのでしょう？

　自分が実際にやってみても良い結果にはならず、

　「だから最初に言ったのに、自分の言うとおりにしていれば問題な

かったのに」

と思うことが常態化しているならば、別チームへの異動または転職を考えるべきです。自分が簡単にわかることをチームメンバーが理解できないのなら、それは自分にフィットしたチームではありません。逆に、自分がチーム内で大きくまちがっている唯一の存在ならば、そのチームに自分がフィットできていないということになります。どちらのケースでも、より自分に合ったところに移ったほうが、お互いにとって良い結果となるはずです。

感情を爆発させるのは、プロとして失格

1つ、日本のドラマなどではありがちなものの、アメリカでは決してやってはいけないことがあります。

「ひどい扱いを受けても抗議をせずに耐え続け、限界を超えたところで爆発する」

という行動です。

アメリカで働く同僚全員が素晴らしい人格を持っているわけではありません。特に、英語が下手な初めのころには、同僚たちから下に見られたりすることもあるでしょう。少し馬鹿にされたような物言いをされたり、舐められたりすることもあるかもしれません。こちらに落ち度がなくても、同僚や上司から尊重されないこともあるでしょう。

そういう時に、日本人としては我慢して何事もなかったように振る舞うのが美徳だったりしますが、そのままにしていても問題は改善されません。逆に、エスカレートすることもありえます。

それでも何もなかったように振る舞い、ひどい扱いに耐え続け、しばらく経ったある日、いつもと同じようなことをされた時に突然怒りを爆発させる……日本のドラマでありがちなパターンですが、それを実際に海外の会社でやってしまう人もいるようです。

傍で見ているのが日本人なら「よっぽど酷い目に遭ってたんだな」と思ってくれることもあるでしょう。しかし、これは完全に文化の違いで、非日本人にそう思ってもらえることはまずないと考えたほうが賢明です。代わりにどう思われるかというと

「ひどいことをされてもニコニコしてると思えば、小さいことで爆発する、何がきっかけで怒り出すかわからない、何を考えているかわからない人」

ぐらいが関の山です。もちろん、「コミュニケーション能力に問題あり」と認定されてしまいます。どんな時でも、"爆発"は避けるべきです。

それでは、理不尽な問題があった場合にどうすればいいかというと、問題が小さいうちに話し合うことです。不快なことをされたら、不快であることはしっかりと伝えましょう。真面目な表情で"It's not acceptable."などと言えば、たいていの人は同じことを繰り返したりはしません。その時、「怒りを爆発させはしないけれど、自分は怒っている」ということを、表情と普段より低い声で表すといいでしょう。

プロフェッショナルとして感情を抑えてはいるけど、現状には怒りを感じている、と相手にわかるようにするのが肝要です。何があっても平気な顔をしていると、何をしても大丈夫だと思われてしまうので、避けるべきです。あくまで冷静であることを見せながら、コントロールされた怒りを表すことで境界線を示すのです。

マネージャーとの１：１ミーティングで上司に伝えておくことも良

いオプションです。同僚との問題だけでなく、マネージャーの管理の仕方や仕事の割り振りなどに不満がある場合も、現状に満足はしていないこと、どのように変わってほしいと思っているかを、早めに、建設的に伝えましょう。問題が大きくなってから初めてマネージャーが気づくよりも、あらかじめ問題が存在すること自体はわかっているほうが、何かと良い方向に動きます。

　伝えるときは、解決策のない単なる愚痴ではなく、「自分から改善提案をする」というスタイルで伝えるのがいいでしょう。「同僚に舐められてる」といった問題だと、クリアな改善提案は簡単ではありませんが、たとえば

　「自分でも改善するように彼に働きかけるので、現状ではそういう問題があるということだけわかっていてほしい」
　「彼がどういう理由でそういうことをするのか、正直わからない状態なので、マネージャーとして彼に聞いてみてほしい。こちらでできるアクションがあるならば喜んで実行する」

などと話してみましょう。

　日本で長年培った「共通の文化」という文脈に深く依存したコミュニケーションスタイルは「何を考えているのかわかりにくい」と思われる傾向があります。日本的なコミュニケーションでこちらの気持ちを察してもらうことはまず不可能と考えましょう。日本基準で鈍感な人に噛んで含めて教えてあげるように、自分が問題を感じているのかいないのか、周りがわかっている状態にしておくほうが、仕事も人間関係もうまくいきやすくなります。

148

メンタリングによりスキルアップ

いわゆるメンターを持つことは、アメリカでは日本より強く推奨されています。メンターというと、

「新入社員が、初期の業務遂行に必要な知識について、チーム内でサポートを受ける」

という教育係のようなものを思い浮かべる方もいるかと思いますが、ここで言うメンターはそれよりもさらに戦略的なもので、

「キャリアアップや能力向上のためのアドバイスその他を受ける」

というものです。

通常は、メンティー（メンタリングを受ける人）がメンターになってほしい人に依頼することで関係が始まります。社会人経験が浅い人はもちろん、どのレベルでもメンターは必要だといえます。だれかのメンターをやっていると同時に、ほかの人のメンティーになっている人も多く存在します。

一般に、以下の条件を満たす人がメンターにふさわしいと言われています。

- 仕事上の直接の利害関係がない人（自分の上司にあたらない人）
  利害関係があると、メンターがメンティーの利益より自部署の都合を優先してアドバイスしたくなったり、メンティー側が評価面接などを気にして弱点をさらけ出しづらくなったりします。
- 自分のロールモデルの人、「将来この人のようになりたい」と思

える人

スキルを向上したければ、そのスキルに秀でた人に教わるのが良いのは当然です。「どうやったらあなたみたいになれますか?」という質問が常に根底にあることをお互いに了解していると、より効果的です。

• メンターとして自分を指導する意欲がある人

メンターを頼まれる人はたいてい忙しいので、意欲がないのに引き受けるとあまり良い結果になりません。

もちろん、メンタリングを受ける人はそこから利益を得るわけですが、メンター側もメンタリングのプロセスを通じてさまざまなことを学ぶ機会が得られます。幸せなメンタリングの関係は、お互いを高めることにつながり、時には非常に長期間にわたる関係に発展することもあります。

逆に、数回ミーティングを持っても相性が合わないと感じた場合は、時間の浪費を避ける意味でも、早めに関係を解消したほうがいいようです。

会社によっては、社内メンターサポートサービスを提供しているところもあります。メンターとメンティーの希望者同士をマッチングするWebサイトなどが存在します。

私は、社内のサービスを使ったことも、相手に直接お願いしたこともありますが、最初のミーティングの時にだいたい同じことを聞かれました。少々ストレートすぎるように聞こえるかもしれませんが、短い時間で効果的なミーティングを持つためには必要な質問です。私がメンターを依頼された時も、最初のミーティングでは以下の質問をメンティーに聞いたものです。

• この関係を通じて何を得たいのか?

- なぜ、私にメンターになってほしいと思ったのか？
- 具体的に何をしたいのか？

  （どれぐらいの頻度で、どれぐらいの時間会い、何をしたいのか）

　メンタリングは、あくまでメンティーが能動的にお願いするもので、何のアクションも起こさないでメンターから何かをもらえると期待してはいけません。また、メンターが自分のために貴重な時間を割いてくれていることを忘れず、たとえ得るものが少なかったと感じた場合でも、常に感謝の気持ちを持ちましょう。

エンジニアがおもな面接官

　一部の例外を除き、ソフトウェアエンジニアの入社面接の面接官は、候補者が入社後に一緒に働くことになるチームメンバーが務めます。募集しているポジションの仕事内容を一番よく知っているのも、実際に一緒に働くことになるのも、そのチームのマネージャーとメンバーなので、これもまた合理的な仕組みと言えます。さすがに、入社直後に面接官をやるケースは稀ですが、中堅以上のレベルのエンジニアならばたいていは面接官を務めることになります。

　人を雇う必要があるのは皆わかっているのですが、自分のメインの仕事の時間を多く取られるうえに、候補者を落としてしまうことが多いので、他人をジャッジすることに抵抗を感じたり徒労感を感じたりする人もいます。ほとんどの人にとって、やらなければいけないけれど、あまりやりたくない仕事なのです。

　大企業では面接官のやり方の社内講座を受けたり、先輩社員がやる実際の面接を見学してトレーニングを積んだりします。大企業ならば候補者がたくさん来ることは事実なのですが、候補者ひとりひとりに

とっては、自分のキャリアを大きく変える、人生の分岐点です。どんなにたくさん面接官をやることになっても、真摯に取り組みたいものです。

面接官をやることになると、45分から60分ぐらいの面接を行い、その後でレポートを書いて提出します。レポートの内容は、数字での評価（4段階評価だったり、数字のスコアを報告したり）と、「どんな質問をしたか？」「どういう答えだったか？」「どこがプラスで、どこがマイナスの評価ポイントだったか？」などです。面接官を1回やるたびに、実際の面接時間の2倍ぐらいの仕事時間を使うことになります。面接、レポート書き、事前のレジュメ読み、採用会議への参加などです。

たいていの面接官は、自分のお気に入りの問題を数個用意しておいて、候補者のレジュメやほかの面接官からの問題の内容などに応じて、出す問題を選んでいます。

会社によっては、面接終了後に採用会議を行います。面接官が会議に参加するスタイルでは、自分が書いたレポートの内容に基づいて候補者の印象を話し合い、採用か不採用かの決断を下します。採用委員会が存在する場合には、面接を直接行ったわけではない委員会メンバーが、面接官からのレポートを元に結論を下します。

会社の規模が大きくなるほどプロセス管理のシステムがしっかりしていて、厳密なレポートを書くことを求められます。第一の目的は、もちろん公平かつ正確な選考プロセスを実現することですが、もう1つの目的として、候補者から「自分が落とされたのは不当だ、差別だ」などと言われた場合のための証拠集めの面もあります。

CHAPTER 05 アメリカで働くと何が違うのか

オープンオフィス、個室オフィス、キュービクル

オフィスのレイアウトは、「オープンオフィス」「個室オフィス」「キュービクル」の3つに分類できます。オープンであるほどコミュニケーションが促進され、クローズドになるほどコーディングに集中しやすい（いわゆる"フロー"状態になりやすい）というトレードオフがあります[2]。

どのスタイルのオフィスがいいかは、本当に人によってまったく違い、どのスタイルにもそれぞれファンがいます。私は3種類すべてを経験しましたが、それぞれ違った長所と短所があり、どれが一番良いと決められるものではありません。

最近はオープンオフィスが増えてきているようですが、それにつれてオープンオフィスに対する批判も出てきています[3]。

大したことではないと感じる人もいるかと思いますが、オフィスのレイアウトにその会社の考え方が表れるとも言えます。会社の文化になじめずに会社を去ってしまう人の中には、じつは「オフィスのレイアウトになじめかった」という人もいます。こだわる人にとっては非常に大きな問題です。

✔ オープンオフィス

最近の流行はオープンオフィスで、特に Web 系の会社、Amazon、Google、Twitter などはこのスタイルです。Facebook が 2015 年に発表した新社屋のレイアウトは、広大なワンフロアに 3,000 人弱のエンジニアが働くオープンオフィスを作るということで話題を呼びました。

個人間を隔てる壁や仕切りなどはなく、広いフロアでたくさんの人

[2] Focus, Flow and Productivity in the Open Office
http://tribehr.com/blog/focus-flow-and-productivity-in-the-open-office
[3] Why The Open-Concept Office Trend Needs To Die
http://www.forbes.com/sites/jmaureenhenderson/2014/12/16/why-the-open-concept-office-trend-needs-to-die/

153

が働いています。1人あたりのスペースは大きめのデスク1つか2つ分ぐらいで、会社によってけっこう差があります。2012年ころに見たGoogleやTwitterのオフィスは"オープン"といってもスペースはゆったりめでオシャレな雰囲気、同時期のAmazonは異常なスピードで従業員が増えていることもあって少々窮屈な感じで机が並んでいて、正直オシャレではありませんでした。

　座ったままでも周りの人が見える状況で、同僚と質問や雑談を非常にしやすく、コミュニケーションが容易になるのが利点です。欠点としては、騒がしくなりがちなことと、質問する敷居が低すぎるためかシニアなエンジニアのところにひっきりなしに質問が来るようになり、コーディングに集中できなくなることです。コミュニケーションが密になるなので、コミュニケーションのコストの低さを重視するアジャイルプロセスなどはこのスタイルが合っているかもしれません。

▼オープンオフィス

※K2 Space（以下より転載）
https://www.flickr.com/photos/k2space/14204870876/

✔ 個室オフィス

　数はあまり多くありませんが、エンジニアにも個室オフィスを提供する会社はあります。Microsoftは有名な例ですが、コミュニケーションを重視する部署ではオープンオフィスに転換しているところもあります。1人で1室を独占できるのは魅力的ですが、社員が増えてスペースが足りなくなると2人で1部屋になったりするケースもあります。

　利点は、なんといっても集中しやすい環境であること、そしてプライバシーが守られることです。欠点は、コミュニケーションの敷居が高くなること、チームメンバー同士が仲良くなりづらいことです。近くに座っていても、わざわざ個室のドアを開けて話しかける心理的障壁はあるようで、メッセンジャーやメールでのやりとりが多くなりがちです。部署によっては、「ドアが空いていればいつでも話しかけて

▼個室オフィス

※John Athayde（以下より転載）
　https://www.flickr.com/photos/boboroshi/3321994/

いいサイン」「ドアが閉まっている間は邪魔しないこと」などとルールを決めているところもあります。

✓ **キュービクル**

オープンと個室の中間といえるのがキュービクルです。2000年ごろまではほとんどの会社がこのスタイルで、今でも珍しくありません。高さ180cmぐらいの壁に囲まれたスペースが各人に割り当てられるスタイルです。3m四方か、それより少し狭いスペースで、席についていれば周りの人は見えないけれど、自分の姿はいつでも通路から見える状態です。

開け閉めするドアが存在しないので話しかけやすく、周りの人が動くのが見えないので1人で集中もしやすいといった感じです。いわば無難なシステムで、このスタイルに文句を言う人はあまりいませんが、

▼ キュービクル

※Nicholas Wang（以下より転載）
https://www.flickr.com/photos/cloneofsnake/272019772/

このスタイルが大好きという人もあまり見かけません。

モラルイベントが催される

これは会社によってあったりなかったりしますが、夏に家族連れで参加できるピクニック（広い野外でのお祭のようなもの）があったり、従業員がパートナーと一緒に参加する大人向けクリスマスディナーパーティーがあったり、チーム単位で遊びに行ったりもします。それらは"Morale Event"と呼ばれ、文字どおり、メンバーのヤル気を高めるイベントです。

モラルイベントは参加者が多いほうがいいので、家族同伴イベント以外は、平日の業務時間に行われます。内容は、映画、ハイキング、インドアスカイダイビング、ミニクルーズなど、皆でできる遊びなら何でもありです。予算が多い時には、飛行機に乗って皆でラスベガスに行ったり、泊まりがけでスキー旅行に行ったりするような豪華なものもあります。完全に任意参加で、もちろん費用は会社持ちです。普段は社交的でない同僚と思いのほかフレンドリーに話せたり、これをきっかけにプライベートでも親しくなったりする良い機会です。このあたりは日本の飲み会や社員旅行と似ている感じなので、普段苦手な同僚と雑談をしてみるチャンスかもしれません。

ほかにも、会社によっては定期的に「全社員ミーティング」が行われます。これは何千人、何万人が入れるスタジアムなどのイベントスペースで行い、ビジネスの話をしつつもお祭のような雰囲気で、これもまたモラルイベントのようなものです。

経営者側から見ると一番簡単に予算をカットできるところなので、会社の業績低下、部署の優先順位の低下のサインが最初に表れるのもこのあたりです。

```
Column
```

外国人の同僚と
仲良くなるには飯を食え

　多国籍な同僚たちは本当に人それぞれです。外向的でない人も多いので、全員と個人的に仲良くなるのはほぼ不可能かと思われます。しかし逆に、何気ない行動に相手が思いもしなかった反応をしてくれて、驚くぐらい突然仲が良くなることも時々あります。

　何度かの"驚き"を経て発見した、アメリカで働いているアメリカ人には効かないけれど、外国人（非アメリカ人）の同僚には非常に効果的な「仲良くなる方法」があります。それは

　「相手の国の文化に興味を持っていろいろ聞く」

中でもとりわけ

　「その国の食べ物についてたくさん質問し、そのうちのどれかをたくさん食べる」

さらに進んで

　「その国の人以外は敬遠するような飯を食う」

という方法です。完全に演技でやるのはどうかと思われるので、"方法"と言うのは少し気が引けますが。

　日本でもいるでしょう、外国人が日本に来た時に納豆などを食べさせて、反応を見て喜ぶ人たちが。食べた人はまずそうな顔をして周りが盛

り上がりますが、もしその人が「なにこれ美味しい」と言って、喜んでぱくぱく食べ始めたらどう感じますか。「この人はほかの外国人とは違う」と、親しみを覚えるようになりませんか。

以前の会社で同僚だったインド人が、インドでの休暇から戻ってきた時、出身地のお菓子を何種類もおみやげに持ってきました。ほとんどの非インド人は1つか2つ取って食べて「美味しいね」と言ってそれで終わりですが、私はすべて試してみました。正直、どれも可もなく不可もなくだったのですが、2日後になるとそのうちの1つをもう一度食べてみたくなり、また食べると前より美味しい気がしました。その翌日また1つ食べ、その翌日は1日に2つ、その後は数時間おきに……と、そのお菓子にハマってしまいました。

そのことを同僚に話すと、彼はとてもうれしそうで、それが壁を破ったようでした。それからは、そのお菓子に似た別のお菓子を家から持ってきてくれたり、雑談の回数が増えたり、ランチに一緒に行く回数が増えたりしたものです。

また、中国人の同僚たちに連れられて飲茶を食べた時、そのうちの1人が「鶏足（もも肉ではなく、指を含む足の部分）」を注文して、私に食べさせようとしました。じつは鶏足は大好物だったので喜んで食べ、牛の胃袋は好きではないものの平気で食べてみせたところ、後日、社内の中国人だけで行く旧正月の特別ランチに呼ばれてしまいました。

メールで「このランチに参加するのは中国人だけなのか」と聞いたら「本当の中華料理を食べられる人たちだけのランチだ」という返事でした。実際に参加してみると全員が中国語で会話していたので、私は話題にまったくついていけず、隣席の優しい中国人と少し英語で会話する以外は食べ物に集中せざるをえませんでした。しかし、「こいつは鳥足を食べるんだ」と紹介されたおかげで、社内の中国人ネットワークが一気に広がりました。

マイナーな国から来ている人が自国文化に興味を示されると、とても

喜びます。そのことにはアメリカに住み始めてすぐに気づいていましたが、会社内でかなりの多数派であるインド人や中国人でも同じような理由で喜ぶのは少々驚きでした。

　食べ物ほどではなくても、仲良くなりたい同僚の出身国について調べて、興味を持って質問してみると、面白い話が聞けるし、同僚と仲良くなれるしで、良いことがいろいろあります。

　ちなみに、インド国内には言語がものすごくたくさんあるので、インド人の母国語をヒンディー語だと仮定して話してはいけません。インド人に母国語が何かを聞くと、インドに興味があることを少しアピールできます。そして、相手の母国語がタミル語ならば（けっこういます）、「日本語の語源はタミル語説」を教えると、仲良くなる可能性がまた高くなります。

転職を通して
キャリアアップする

CHAPTER 06

アメリカでは、転職はあたりまえのことです。最初に就職した会社でずっと引退まで勤めあげるのは、かなりのレアケースです。アメリカ労働局の統計によると、1957年から1964年の間に生まれた人たちが、18歳から48歳までの間に就いた仕事の平均は11.7個となっています。単純に平均を取ると、1つのポジションに就いている期間は2年ちょっとになります。また、その期間の仕事の数が4つ以下の人は12%しかおらず、15個以上の人は25%になっています[1]。

これはエンジニアにも当てはまり、シリコンバレーでの1つの会社の平均勤続年数は3年ほどだ、いや2年ほどだという話はよく出てきます。それは、転職することによるメリットがいろいろあるということであり、それを利用してキャリアアップをしている人が多くいるということでもあります。この章では、キャリアアップにつながる転職について考えてみましょう。

転職のタイミングは、自分よりも「周りの状況」がカギ

アメリカ人に転職の理由を聞くと、たいてい「良いポジション」「良い会社」「良い給料」といった答えが返ってきます。その目的を達成するのに最も効率的なタイミングはいつでしょうか？

もちろん、自分の現職の状況が素晴らしいもので、これ以上望めない、ということもあるでしょう。日々学ぶことがあり、職場の人間関係も充実しており、仕事の内容も自分の好きなことで楽しい —— そのような時には、今の自分の素晴らしい状況に感謝しつつ、現職でキャリアを積むことを考えていけばいいと思います。

「仕事の内容に不満はあるけど、今のポジションでもう少し実力をつけてから次を考えたい」

[1]　How Often Do People Change Jobs?
　　http://jobsearch.about.com/od/employmentinformation/f/change-jobs.htm

と言う人もいますが、良いタイミングは自分自身の状況だけで決まるものではありません。周りの状況、特に景気の良さが大きな要因になります。自分の実力の数年間分の変化よりも、数年間の景気の変動分のほうが転職・就職の可能性に大きな影響を与えることは珍しくありません。

しっかりとした実力があっても、不景気のために採用を凍結している会社に入るのはほぼ不可能です。そのうえ、景気が非常に悪化している状況では、多くの会社がレイオフを行います。そうなると、ただでさえ募集人数が少なくなっている転職市場に多くの失業者が溢れることになります。景気が悪い中で失職すると、今までと同レベルの仕事が見つかれば非常に幸運、今までより低いポジションや低い待遇でも仕方がない、という状況になりがちです。そういう状況では、現在の職より良い職に移るようなキャリアアップの転職は大変難しくなるでしょう。

逆に、景気が良くて人手不足ならば、募集しているポジションがなかなか埋まらなくなります。日々多くの面接をこなしながらも採用に至らないと、面接官の気持ちにもわずかながら違いが出てきて、どんなに厳格な採用ルールを持つ有名企業でも自然に少しはハードルが下がってきます。今までより上のレベルのポジションに就くチャンスが拡大するわけです。

たいていの会社は、一度面接で失敗しても、半年から1年経てば再チャレンジを認めています。Google など、リクルーターに勧誘された時に「受けたことあるけど、受からなかったんだよ」と言うと、確実に「2回目で受かった人も、3回目で受かった人もたくさんいる」と言われます。

もし、現在景気が良い状態で、あと1年後ぐらいでの転職を考えているならば、1年後と言わずに今、力試しの意味も込めて、挑戦してみてもいいのではないでしょうか。現在の自分の状況を知る良いチャ

ンスですし、予期せぬ良い知らせが届く可能性もあります。

Column

予期せぬ良い知らせ

　私が初めてシリコンバレーの会社の面接を受けた時には、自分が受かる可能性をまったく考えていませんでした。偶然知り合った高校の先輩がシリコンバレーの会社に勤めていて

「うちの会社を受けてみませんか?」

と誘ってくださったのです。当時の私は駐在員として働いていて、まだ自分が一般のアメリカ企業の社員として働くという可能性は考えてもいなかった頃でした。今回やらなかったら後で受けることもないだろうからやってみよう、と完全に"記念受験"、話のネタのつもりで受けてみることにしたのです。

「面接で出来が悪いと、2人めの面接官ぐらいで強制終了になるらしいな」
「何人めの面接官のところで『もうおしまい』と言われるかなあ」

と、絶対に受からないものだと信じ込んでいました。
　正直言って、面接の出来はそれほど良いわけでもなかったのですが、面接はどんどん進んでいって、最後の面接官が席に着くなり

「今、いくら給料をもらってる？　もちろん、こんなことを聞くんだから、オファーを出したいということだよ」

と話し始めた時には大変驚きました。そして、オフィスに連れていかれて、将来のチームメンバーたちと雑談する時間を持たせてくれました。そこで、面接官の1人だったエンジニアがこう言いました。

「君がどこで働くのが一番合っているかは知らない。でも、俺にとってはここでのプロジェクトはものすごくクールだし、この環境にはすごく満足している。自分の友達のだれにでも勧められる環境だ。君を面接した人は皆、君とならここで楽しく働けると言ってる。俺もそう思う。あとは君の判断だ」

こちらの目をじっと見てそう言ってくれたエンジニアの顔、それを見守る「将来の同僚」候補たちの笑顔。その時の光景は、今も脳裏に焼き付いています。その後会社を出て、夕方から社員が集まるパーティーに混ぜてもらい、たくさんの人から「オファーを受けろよ、一緒に楽しくやろう」と言われ、予想もしていなかった展開に夢見心地で家に帰ったことをよく覚えています。数日後、当時日本からの駐在員だった私の給料の文字どおり2倍の額を提示されて、頭を殴られたような衝撃を受けたこともよく覚えています。
　その時は、当時の仕事が充実していたことと、「アメリカ企業の社員として働く」ということに自分の心の準備ができていなかったことから結局オファーを断ってしまったのですが、その後何年もの間

「あの時もっと心の準備をしっかりしていて、オファーを受ける勇気を出せたら、今頃どうなっていただろう」

という思いに悩まされました。正直、あの時に最初の転職をしていたらどうなっていただろうと、今でも思うことはあります。もちろん、人生何が幸か

不幸かわからないので、今より良くなっていたのか悪くなっていたのかはわかりません。

　ひょっとしたら、自慢話に聞こえたかもしれません。この話のタネ明かしをすると、アメリカでの転職・就職についての私の意識を大きく変えたこの面接は、西暦2000年、いわゆる「ネットバブル」の真っ最中の出来事でした。初めてエンジニアの給料がどんどん上がっていった、景気のものすごく良い時期で、

「部屋に入って、置いてあるPCの機種を言えたら採用される」

というジョークが記事に載るほど、クレイジーな話がたくさん転がっていました。景気がすごく良い時であれば、当時の私のように意識がまったく高くない、英語の下手なエンジニアでも良いオファーがもらえたりする時期だったということです。転職市場に一番大きいインパクトを与えるのは、結局は景気なのです。

　とはいっても、この経験は自分にとっては非常に大きなものでした。非現実の世界のものであった「アメリカで働く」という選択肢が、初めて現実味を持ったものとして考えられるようになったのです。これだけでも、自分の目を開いてくれたこの時の先輩には大変感謝しています。

　その後、たくさんの会社の面接を受けて、たくさんのオファーをもらいましたが、面接が終了する前に「オファーを出す」とはっきり言ってもらった経験も、面接直後にチームメンバーたちと談笑した経験も、社員のパーティーに参加させてもらった経験も、この最初の面接の時だけです。「あれはバブルの時の幻だ」と頭ではわかっていても、面接に行くたびに、心のどこかであの時の良い思い出の再来を願っていて、毎回願いは叶えられずに終わっています。

ポジション探し—「できること」より「したいこと」

　まず初めにどういうポジションがあるかを見てから、その中で何が一番「自分にもできそうか」を考える人がいます。日本から初めてアメリカ企業への転職を試みているときなどは、ある程度は仕方ないかもしれません。しかし、「まず自分の理想のポジションを考えてみて、それにどれぐらい近いものが見つかるかを探す」というアプローチにしてみてはどうでしょうか。

　「このポジションは自分がやりたいものか？」
　「自分がやりたいものから外れているポジションだとしても、それはやりたいものに近づくものか？」

　それを考えてみてください。

✔ 仕事の内容も環境も大事

　仕事をするにあたって、自分に向いているもの、自分が好きなものを仕事にすることはもちろん大事です。しかしそれだけではなく、「自分に向いている環境」「自分が好きな環境」も同じぐらい大事です。ともすると、本人の努力以上に大事かもしれません。ほとんどの方は、自分が好きな業界やアプリケーションなどについてはすでに考えているでしょうから、ここでは環境についての話をしたいと思います。

　アメリカでソフトウェアエンジニアが就職を考えるなら、大きく2つの軸が考えられます。

- ソフトウェア企業か否か
- 大企業かスタートアップか

もちろん、どちらかが優れていて、どちらかが劣っている、という
ものではありません。自分がどの分野・どのスタイルに魅力を感じて、
どの環境が自分に合っているのかを考える必要があります。

✔ 技術系の会社でも
ソフトウェアテクノロジーが主体とは限らない

アメリカでも、社内での役職による地位の違いというものは存在し
ます。ソフトウェアを主体とした会社か、それともソフトウェアを道
具として使う会社かで、会社内での立ち位置、意思決定のプロセスと
結果など、いろいろなことが変わってきます。

「専業」とまでいかなくても、「ソフトウェアが業務の根幹」という
認識が浸透している会社においては、ソフトウェアエンジニアリング
部門の力が自然と強くなります。そういう会社では、「まずソフトウ
ェア主導で主要技術や主要製品が生み出され、それを周辺部門がどの
ように売っていくか考える」といったアプローチになりがちです。ソ
フトウェアを純粋に愛しているような人に向いていると言えるでしょ
う。

同じ技術系の会社でも、ソフトウェアが主体ではない業界も数多く
あります。たとえば、機械を製造する会社では、ハードウェアの要求
スペックを元にまずデザインが決まり、そこからハードウェアを制御
するためにソフトウェアが存在することになります。こうなってくる
と、純粋にソフトウェアの知識だけでやっていくポジションは少なく
なり、複数の分野にまたがる知識が必要になってきます。エンジニア
として「ソフトウェアと○○の両方を知っている」ことが売りになる
わけです。

ソフトウェアよりも、たとえばロボットのようなタンジブルなもの
に情熱を感じる人や、ソフトウェアそのものよりも物理世界とのイン
タラクションに興味を持っているような人には、こちらのほうが向い

ているでしょう。ただ、ソフトウェアエンジニアとして要求される能力はあまり高くならないかもしれません。面接でも、実際にコーディングをする機会は少なく、ソフトウェアについては比較的単純な問題を解くだけに留まる可能性があります。

✔「ソフトウェアを主体とした会社が一番」とは限らない

　一方、会社の優れたビジネスモデルを実現するためにソフトウェアを利用する会社では、Web アプリやモバイルアプリの開発などがおもな仕事になります。ビジネスに人気が出てくると、効率的なバックエンドの要求が高まったり、データ解析などの仕事が増えてきて、ソフトウェアテクノロジー主導の会社と似通ってくるかもしれません。自分の仕事が直接世の中のビジネスにインパクトを与える実感が得られることで、やりがいを見出す人は多くいます。自分の仕事が会社の収益に直接結びつく感覚は、好きな人にはたまりません。

　「ソフトウェアエンジニアとして働くならば、ソフトウェアを主体とした会社が一番」と思うかもしれませんが、じつはそうとは限りません。自分のソフトウェアをたくさんの人に使ってもらえることを重視する人もいれば、自分にとって良い技術をどれぐらい盛り込めたかが大事な人もいます。「お金に直結してる実感がないとモチベーションが湧かない」という同僚もいました。技術レベルに関係なく、仕事へのモチベーションの源泉は人によって大きく異なります。

　また、会社の規模が大きくなってくると、部署による文化の違いも大きくなってくるので、会社全体としての雰囲気と部署の雰囲気がまったく異なるような例もよくあります。たとえば、同じ Amazon で働いているにしても、勘定系のエンジニアリング部門とクラウドサービスのエンジニアリング部門では、日々の業務内容では共通点がほとんどありません。大企業については、この項の文章に出てくる「会社」を「部署」に読み替えて解釈したほうがいいかもしれません。

169

✔ 安定の大企業

　自分のポジションの職務内容も大事ですが、就職先の会社の文化と雰囲気も非常に大事です。それぞれの会社にそれぞれのカラーがあるので、すべてを網羅することは不可能ですが、大胆に「大企業」と「スタートアップ」に分けると、それぞれに一定の傾向が見られます。

　大企業のメリットとして挙げられるのは、以下のようなことです。

- 採用プロセスがしっかりシステム化されてる
- 好きな分野の仕事だけに集中できる
- 社内異動のオプションが豊富
- 基本給以外の部分の待遇が良い
- 仕事が楽（かもしれない）
- 同僚のスキルが粒ぞろい
- 周りから学ぶ機会が多い
- 他人に自己紹介するとき、ネームバリューが役に立つ

　ただし、メリットがそのままデメリットになることも多々あります。それぞれの裏にあるデメリットも考えてみてください。たとえば、「好きな分野の仕事に集中できる」ということは、「自分の興味が広がってきた時に、ほかの分野の仕事までやる自由が得にくい」ということでもあります。「採用プロセスがシステム化されている」ということは、「面接でミスをしてしまうと、後から挽回しにくい」ということかもしれません。

✔ 何でもありえるスタートアップ

　一方、スタートアップのメリットとしては、以下のことが挙げられます。

- 友人のツテで潜り込みやすい
- フルスタックエンジニアへの近道
- 自分の裁量の範囲が大きい
- 全社一丸でお祭気分・家族気分を楽しめる
- IPO で一攫千金の可能性がある
- 良いスタートアップはドリームチーム
- 超高速で出世する可能性がある

こちらも、それぞれ裏にデメリットが潜んでいるので、考えてみてください。両方について、

「良いケースでは、自分はどんな活躍をしていると思うか？」
「悪いケースでは、自分はどういうところに苦しむのか？」

を、できるだけ具体的に想像してみましょう。

　たとえば、「全社一丸」ということは、やはり労働時間が長くなる可能性が高くなるということです。採用プロセスが固まっていない分、"bad hire" と呼ばれる採用の失敗もよくあります。大企業ならば、問題のある社員とは距離を置いて仕事を進めることもできますが、小さい会社だとそうはいかないことが多くなります。良い人材だけを集めることに成功したスタートアップでは素晴らしい経験が味わえますが、規模が大きくなる過程のどこかで、今までどおりの従業員のスキルレベルを求めていたら採用ができない状態が訪れます。そして、会社の平均スキルレベルが下がっていき、混乱の原因になります。

　やはり、スタートアップのほうが、良しにつけ悪しにつけダイナミックで、大企業では味わえないものがいろいろ存在します。どちらの方向でも極端なことが起こりえるので、一度味をしめると、大企業は"退屈なぬるま湯"のように感じるかもしれません。

実際、転職を何度かしている友人を見ても、大企業志向な人は大企業のみ、スタートアップ志向の人は小さい会社ばかり、と分かれることが多い気がします。もちろん何度も起業するようなすごい人たちもいますが、そのためにはまったく違ったノウハウと、違うレベルでの度胸が必要になってきます。

✔ 日本人の強みを活かすポジションとは

　日本人がアメリカで働くにあたって、「日本人であること」が大きな強みになるときがあります。日本語のローカライズの仕事、日本の顧客との直接折衝を含む仕事などです。日本語の能力を使ったポジションは、すぐに強みを出せるのが一番の利点です。特に、「英語に自信がないけど、アメリカで第一歩を踏み出したい」というときなど、これは強力な武器になります。もし、日本市場への依存度が大きい会社ならば、社内での重要なポジションである可能性も高くなるので、非常に良いオプションであるといえるでしょう。

　日本の人と話していると

　「日本関係の仕事をしている人よりも、日本に関係ない仕事をしている人のほうが優秀である」

と考えている人に会うことがありますが、それはまったくの偏見です。日本人であることがまったく利点にならないポジションで働いている人は、

　「必殺の左パンチを封じてボクシングしている」

ようなものともいえるかもしれません。自分の能力を存分に発揮して仕事している人と、自分の大きな能力を眠らせたまま残りの力で勝負

している人では、存分に能力を発揮している人のほうが大きな成果を出しているケースが多々あります。アメリカと日本の両方に法人がある企業で、日本とアメリカのポジションを行ったり来たりしながら出世していく人も珍しくありません。

✔ 日本関係のポジション特有のリスク

ただ、日本関係のポジションに特有のリスクも存在します。

まず挙げられるのは、日本語の能力があるがために、日本に関わることならば雑用でも何でもやるはめになってしまう可能性があることです。最初からそれが目的で就職するのならば逆にメリットではありますが、会社の規模が小さい時や日本人の数が少ない時には特に、日本語のマニュアル作成やカスタマーサポート、日本語の資料の翻訳や日本の顧客への営業などまでやることになり、エンジニアリングの仕事ができなくなったりするかもしれません。

実際に、私にもそういう経験があります。

「メインの業務はソフトウェア開発だが、日本語で日本の顧客のサポートができる人が少ないので、必要に応じて最大20％ぐらいの時間はサポートも行う」

という条件で入社し、初めのころはそれが守られていたのですが、数か月経ったころから「緊急事態」が増えてきて、気がついたら使う時間の比率が逆転してしまっていました。状況の改善を訴えていたものの積極的なアクションはとられず、ほかにもさまざまな問題点があったため「ほかの会社に転職する」という最後の手段で解決してしまいました。

もう1つのリスクは、日本向けのポジションから抜けられなくなる可能性です。最初から日本の仕事をやりたい人ならば問題ではありま

せんが、アメリカで働く第一歩としてのみ日本の仕事を考えている人は気をつけたほうがいいでしょう。日々確実に、その方向の経験を積んでいくことになるので、自分の強みとして強化されていき、転職活動を始めた時に

「日本関係の仕事ならばすぐにオファーをもらえるけど、ほかのエンジニアリングポジションではなかなかアピールできない」

という状態に陥る危険があります。また、やりたい仕事が1つはっきりありながらそれ以外の仕事もこなしていると、その仕事にすべての時間を使っている人に比べて、段々見劣りするようになってしまいます。

　もちろん、働いてみないとわからない部分も多くあるので、職を得る前に判断するのはかなり難しいと思います。だれもが1つの仕事に集中するのに向いているわけでもなく、むしろ複数の分野の仕事を同時にこなすほうが合っている人もたくさんいます。実際にポジションに就いて働き始めてから、「自分が望まない方向に進んでいっていないか?」と、時々立ち止まって考えてみるといいでしょう。

✔ 迷ったら「難しいポジション」を選べ

　仕事の環境を強引にタイプ別に単純化しても、あっという間にその数は増えてしまいます。多種多様な仕事環境がある中で、自分にどのスタイルが一番合っているのかを判断するのは容易ではありません。特に就職前の学生や、社会人経験が少ない若い人たちは、なおさらそうでしょう。

　まだやりたいことが漠然としていて具体的に決めにくいならば、「一番難しそうなところに行く」という考え方があります。

「Aのポジションから B のポジションに移るのは簡単にできるけど、逆は比較的難しい」

というケースは、いろいろなところで見られます。それならば、まずは後でジョブチェンジのオプションが一番簡単そうなところに行こう、というわけです。また、普通はそういうポジションはほかより難しいものになりがちなので、経験から学ぶものが多くなりやすいという、良い副作用もあります。

たとえば、Research Engineer、Development Engineer、Test Engineer の 3 つのポジションのどれでも選べる状況で、どれも同じぐらい魅力的に感じられるならば、その中で一番難しそうな Research に進みましょう。ある程度経験を積んだところで「自分は Development のほうに情熱を感じる」とか「Test を考えているときが一番楽しい」とか、自分の志向がわかったならば、その時にそちらに移っていけばいいのです。

最初に見晴らしの良い高いところに行ければ、そこから少し下のほうに移動するのはあまり難しくはありません。しかし、下のほうから始めると、上に登っていくのは不可能ではないにしても、体力と運が必要になります。逆の言い方をすれば、具体的な目標を決めて進んでいくということは、「ほかのオプションを切り捨てて、自分の将来の可能性を狭めていく行為」でもあるのです。

とはいえ、じつはこの辺についても、アメリカでは「何でもあり」です。転職が盛んなだけでなく、ジョブチェンジをする人もたくさんいます。下から上に向かっていくのが難しいのは確かですが、不可能ではありません。景気の良い時に、転職でポジションチェンジするのが一番実現の可能性が高い方法かもしれません。会社の文化にもよりますが、社内で製造部門のエンジニアから R & D エンジニアになるようなケースも時々見かけます。

もっと大きな変化の例では、新卒でソフトウェアエンジニアをやっていて現在は高校教師をやってる友人もいますし、不動産屋や車のセールスマンを経てエンジニアになった友人もいます。元パティシエで、世界的に有名なコンクールで優勝した後で「もうやり尽くした感がある」といってマーケティングエンジニアになった人と一緒に働いたこともあります。「エンジニアリングひと筋で来た人に比べると回り道をしている」といえばそうかもしれませんが、再チャレンジ可能な社会はなかなか良いものです。

一生、エンジニアとして生きていく

第1章でも少し触れましたが、日本では「プログラマ35歳定年説」が有名で、それに対して「35歳定年説を打破する」といった記事を時々見かけます。一方、アメリカでは35歳定年説は存在しません。それどころか、「定年」という概念そのものが存在しません。年齢で従業員を差別するのは違法なので、決まった年齢で退職させるような制度ももちろん違法です。

そういうわけで、アメリカでは一生エンジニアとして働くことが可能です。業界や会社によって従業員の年齢分布は大きく変わりますが、Web業界などの比較的若い業界を除けば、50歳以上でエンジニアをやっている人もまったく珍しくありません。最後までエンジニアのままでリタイアしていく人もたくさんいます。

✔ 技術系とマネジメント系のキャリアトラックが用意されている

マネージャーに昇進せずにエンジニアを続けていくと給料が頭打ちになるのかというと、そういうわけではありません。たいてい、どの

会社でも技術系とマネジメント系のキャリアトラックが用意されてい
ます。どちらのトラックも同じようなレベル分けがされていて、給与
レンジも各レベルでだいたい同じになっています。ジョブタイトル
（肩書）やマネジメントのスタートレベルなど、会社によってバリエ
ーションがありますが、だいたい以下の表のような形になっています。

▼技術系とマネジメント系のジョブタイトルの対応関係

技術系	マネジメント系
Software Engineer 1	（存在しない）
Software Engineer 2	Engineering Manager 2
Senior Software Engineer	Senior Engineering Manager
Principal Software Engineer	Principal Engineering Manager
Partner Software Engineer	Director
Technical Fellow	Vice President

　では、マネジメントの道に進む場合はどうでしょうか。初めてマネ
ージャーになる年齢のボリュームゾーンは30代から40代ですが、
早い人では20代早々、入社2年ほどでマネージャーになります。
　ある程度経験を積んだほうがマネージャーになりやすいのは日本と
同じですが、「どの年齢で、どのポジションに就かなければいけない」
というはっきりしたモデルは存在しません。退職までずっとエンジニ
アを続ける人もいますし、50代になってから初めてマネージャーに
なる人もいます。
　マネージャー職をしばらく続けた後で、「自分はエンジニアのほう
が向いていることがはっきりわかった」と言ってエンジニア職に（降
格ではなく）同レベルでスライドする人もいます。
　「上級マネージャーになって、自分はコードを書く量をゼロにはで
きないことがわかった」と言って自らを1つ下のレベルのマネージャ
ーに降格して、コードを書く時間を確保した人もいます（会社によっ
ては、マネージャーになっても進んでコードを書きます）。仕事の成

果さえ出していれば、オプションは年齢、ポジション、キャリアトラックに関わらず存在します。

　先ほども述べましたが、アメリカの会社では年齢による定年はありません。アメリカ人は、自分の貯金と年金を計算し、「仕事の収入がなくなっても生きていける」と判断して、自主的にリタイアしていくのです。普通に会社勤めしている人ならば、50代か60代でリタイアするケースをよく見かけます。もちろん、経済的問題がなくなっても、気力と体力が続く限り働き続ける人もいます。70歳を過ぎてもエンジニアをやっている人の話はちらほら聞くことができます。

✔ 歳をとれば能力が衰えるのは避けられない

　……とここまでは非常に明るい話ですが、すべてが建前上の話のとおりに動いているわけでもありません。年上の人を尊敬する日本の文化とは異なり、アメリカにおいては年齢を重ねることは明らかにネガティブなことと認識されます。年齢差別は禁じられているものの、50歳以上になってくると明らかに転職は難しくなってくるようです。実際、エンジニアの年収は経験と能力の和が最大となる40代でピークを迎え、50代になると少し収入が下がってしまうというデータがあります[※2]。

　日本ではかなり難しい「一生エンジニアとして生きていく」というオプションがアメリカでは簡単になっていることは事実です。しかしアメリカにおいても、そのオプションを選ぶならばそれなりの困難も伴うということは認識しておいたほうがいいでしょう。

　技術系のキャリアトラックが用意されてはいるのですが、技術系のトラックの昇進機会が恵まれているのは、だいたいSeniorレベルぐらいまでの話です。技術系のFellowもマネジメント系のVice

---

※2　Silicon Valley's Dark Secret: It's All About Age
　　http://techcrunch.com/2010/08/28/silicon-valley%E2%80%99s-dark-secret-
　　it%E2%80%99s-all-about-age/

President も同じ高位レベルではあるのですが、多くの会社で Fellow の社員数よりも Vice President の社員数のほうがはるかに多くなっています。技術系で最高峰まで上がるのは、マネジメント系よりもずっと狭き門なのです。

そして、歳をとってくると記憶力や集中力、体力などが落ちてくるので、エンジニアとして 20 代のころの長時間勤務で成果を上げるような働き方をするのはだんだん難しくなってきます。年齢による差別は禁止されているものの、同僚全員の偏見を完全に消し去ることは不可能です。新卒社員と同じような内容の仕事ばかりで歳をとっていくと、職場での立ち振る舞いも少しずつ難しくなってくるでしょう。

✔ 再就職のチャンスも減ってくる

そして、やはり歳をとってくると、新しい会社での再スタートが難しくなってきます。50 代でレイオフに遭って、

「できればもっと働きたかったけど、今から新しい会社に再就職するのは無理だろうから」

とリタイアした人を、私は以前の会社でたくさん見ました。転職活動がなかなか報われず

「もう歳だからなあ。30 代のころだったら、いくらでも仕事は見つかったんだけどなあ」

と言いながらがんばっている人の話を聞いたこともたくさんあります。

✔ リスクを認識したうえで決断する

「これを覚えれば安泰」という技術は存在しないので、スピードが

遅くなっても、常に新しいものを吸収し続ける必要があります。自分の知っている技術が時代遅れになり、新しいものがわからなくなって「こんなはずではなかった」と思うことがないように、自分の武器は常に磨いておく必要があります。

　歳をとってくると、経験とともに全体を俯瞰する能力が向上してくるので、その能力を活かした仕事に徐々に移行していく、つまりシニアレベルの仕事やマネジメント系の仕事に移っていくのがどちらかというと無難な形になってしまうのは、アメリカでもやはり変わりません。たいていの会社では、多かれ少なかれ"up or out（昇進するか、さもなければ退場）"の雰囲気は存在します。規定にはっきり書いてあるとは限りませんが、ジュニアレベルの職務レベルに一定年数以上留まっていて昇進の声が聞こえてこない場合、退職勧告が待っています。「ジュニアレベルの給料で満足だからこのまま気楽に行こう」というわけにもいかないのです。

　一生エンジニアとしてやっていくには、少なくとも中堅レベル、多くの会社ではシニアレベルに達することが必要条件です。もちろん、時間が経つうちに職務レベルに見合うアウトプットを出せなくなってしまったら、そこでもまた退職勧告が待っています。

　少々ネガティブな面を強調しすぎたかもしれませんが、どの会社でも歳をとったエンジニアは存在します。経験を積んだエンジニアたちの貢献が必要不可欠なプロジェクトはたくさん存在しています。年齢を重ねることによるリスクもきちんと理解したうえで、それでもエンジニアとして働いていきたいという思いが揺らがないのならば、それはあなたにとって非常に良いオプションだと言えるのではないでしょうか。

解雇に備える

CHAPTER 07

「海外で働く」という話を聞くと

「ある日突然、クビになっちゃうんでしょ？」

と不安に思う人もいるでしょう。その疑問は完全に外れてるわけではありませんが、完全に当たっているとも言いきれません。

　日本に比べて、アメリカのほうが従業員を解雇しやすくなっていることは確かです。実際、私も今まで解雇された人たちを何人も見てきましたし、自分も解雇されてしまった経験があります。しかし、会社側も気まぐれに好き放題解雇するわけではありませんし、アメリカで働く人でも解雇の経験がない人はたくさんいます。たとえ実際に解雇になったとしても、それはもちろん人生の終わりではないですし、キャリアの終わりでもありません。

　とはいえ、解雇はやはり大事件で、避けられるなら避けたいものです。従業員側で普段からできること、気をつけておくべきことは存在します。本章では、知らないで済めば幸せだけど必要になるかもしれない、解雇にまつわる知識についてお話します。

「ファイア」は悪い解雇

　解雇には、大きく分けて2種類あります。ファイア（Fire）とレイオフ（Layoff）です。どちらも「今までの職を失う」という点は一緒で、日本語でも「解雇」と同じになりますが、両者には明確な区別があります。

　ファイアは「従業員の側に非があった場合の解雇」です。日本語だと「懲戒解雇」が一番近くなるでしょうか。Termination for cause（理由付き解雇）とも呼ばれ、はっきりとした理由を伴います。公式に会

社をファイアされ、それが記録に残ってしまっているならば、次の会社に再就職できる可能性はかなり低くなります。

✔ なぜ、わざわざ解雇する理由を説明するのか

すでに何度か述べていますが、アメリカでは基本はAt-will Employment（随意雇用）で、理由がなくても解雇をする権利が会社側には存在します。それなのに、なぜわざわざ理由を説明するのか、不思議に思うかもしれません。

その理由は、従業員が不当解雇を主張して会社を訴える危険を避けるためです。At-will Employmentとはいっても、違法な理由での解雇はできません。具体的には、年齢、性別、人種、性的指向などの差別に基づく解雇です。

解雇の際に理由をはっきりさせないと、従業員に訴えられた時に、違法な理由での解雇でなかったことを証明する責任を会社側が負うことになります。逆に、解雇時に会社が合法的な理由を説明していれば、それが不当であることを証明する責任を従業員側が負います。

✔ ファイアに至る理由

ファイアに至る理由としては、以下のようなものがあります。

- 違法行為
- ドラッグの職場への持ち込み
- 窃盗
- 会社資産の私的流用
- 文書偽造
- 職務怠慢
- 社内規則違反
- 職務上のパフォーマンス不足

ファイアされた場合、将来同じ会社で再び働く可能性はまず考えられません。解雇の理由としても、日本でも解雇になっても仕方ないものがほとんどです。

実際にファイアされたという記録が残ると、その従業員が次の仕事を見つけることが非常に難しくなります。新しい雇用主は、通常今までの経歴をチェックするとともに、仕事を辞めた理由を確認するからです。その時に問題が発覚すると、就職面接がどんなにうまくいったとしても、雇用は非常に難しくなります。

ただ、従業員をファイアする側の会社としても、その従業員の人生を壊すことは本意ではありません。そこで、対外的には「自主退職」という形にするケースもあるようです。この辺は、日本に少し似ています。

✔「パフォーマンス不足」はほかとは違う

職務上のパフォーマンス不足によるファイアは、ほかの理由と大きく違う点が2つあります。

1つは、普通に真面目に仕事をしていればほかの理由でファイアになることはまずありませんが、パフォーマンス不足での解雇は勤務態度に問題がなくても起こりえるということです。会社によっては、「下位数%の従業員を毎年解雇する」というポリシーを持っているところもあります。会社が公式に発表したりはしませんが、実際に私の周りでも、実質的にはパフォーマンス不足が理由で解雇になってしまった同僚の数は片手では足りません。

そしてもう1つは、「違反を犯したら即解雇」というわけではなく、解雇までに至る期間が長く、従業員側で"敗者復活"の可能性があることです。

従業員の不正は、簡単に証拠を集めることができます。それに比べて、パフォーマンス不足をはっきりと示す証拠は簡単に揃うものでは

ありません。また、法律では理由なしで解雇できるとはいっても、ほとんどの州で例外を設けており、「差別による解雇」は禁止されています。証拠がない状態で解雇すると、その従業員から「差別で解雇された」と訴えられた時に敗訴してしまうかもしれません。そこで、会社側としては、パフォーマンス不足の証拠を集め、十分証拠が揃ったところで解雇を言い渡す、というプロセスが必要になります。

　定期的な評価プロセスなどで、従業員のパフォーマンスが「最低基準以下」ということになると、マネージャーが"Performance Improvement Process"と呼ばれるパフォーマンス改善プロセスを開始します。第一段階として、"Employee Warning Letter"と呼ばれる警告書を用意します。そこには、

- 現在、どういう面でパフォーマンスが不足しているのか
- 改善して、基準以上に達するまでのステップ
- どれぐらいの期間（通常、2か月から6か月ほど）で改善する必要があるのか

が明確に書かれています。

　警告書が渡される時に、従業員は

「改善を目指して働き続けるか、一定額の一時金を受け取ってその場で自主退職するか」

の選択肢を与えられるケースもあります。そのまま働き続けても、期間内に改善が見られなかった場合には解雇となります。もし、パフォーマンスの改善に成功すれば、改善プロセスを解除して、晴れてまた普通の従業員として働き続けることになります。これが、先述の「敗者復活」です。

185

もう１つのオプションとして、「ほかの会社への転職活動を開始する」というものがあります。当然、これは従業員の会社への忠誠度の違いによって変わってきます。マネージャーや会社への不信や不満がパフォーマンス不足の根本原因であることも実際多いので、喜んで一時金を受け取って、次のステップに進む人も存在します。

　当然ながら、従業員が改善プロセスにあることは、ほかの従業員には基本的に公表されません。なので、同僚から見ると、ある日突然チームメートがいなくなったように見えてしまうわけです。ファイアになってしまった本人としては

「数か月前から改善プロセスに取り組んでいたけどダメだった」

とは言いづらいので、実情より少し酷に見えてしまう面があるかもしれません。

「レイオフ」は必ずしも悪いとは言いきれない解雇

　ファイアが従業員に原因がある解雇であるのに対し、レイオフは会社に原因がある解雇です。会社の経済状況や事業方針の変化に起因する、余剰人員削減のことです。ファイアだと、事前に警告書を受け取ったりしているので、従業員側に驚きは少ないようです。しかし、期日を予告するケースはあるものの、レイオフは文字どおり「ある日突然」起こりえることです。

　どちらにしても職を失うというのは大変つらいことですが、従業員に落度があるわけではないので、次の会社に雇われる時に悪い経歴として問題になることはまったくありません。第３章でもお伝えしたとおり、「レイオフされた」と言ってもマイナス点がつくことはありま

CHAPTER 07 解雇に備える

せん。

　特に大企業では、いろいろなベネフィット（「特典」と言うのもおかしいですが）が提供されるので、トータルで考えるとレイオフになって得をしたという話も珍しくありません。一説によると、このベネフィットの提供は、残った従業員の会社への忠誠度低下を避けるためにやる面もあるそうです。

✔ 退職日は「その日のうち」とは限らない

　ある日突然、「1時間で私物をまとめてくれ」とレイオフを言いわたされ、頭の整理もつかないまま、昼には会社の外に出ていた……ということもありますが、その日で会社から籍がなくなるとは限りません。

　「出社することはできないけど、形式上は再来月の末まで社員だということにしておくので、その間は給料も支給される。会社の健康保険を継続しながら転職活動ができる」

といったオプションをくれる "優しい" 会社も存在します。やはり、そういう会社は大企業である比率が高いようです。

　私が経験したレイオフはさらに特殊だったようで、レイオフ告知後にすぐに出ていくようには言われず、告知の8日後が出社の最終日で、それまでは通常の従業員と同じように会社に出入りし、自分のコンピュータで仕事もできる状態でした。元々、従業員を信頼することを会社の価値観として掲げていたこともあり、またそれまでにレイオフに遭った人たちはもっと長い期間が与えられていたので、それは普通に受け止めていました。

　自分としても、レイオフに遭ったものの、残った同僚に無用な苦労をかけたくはなかったので、自分が書いていたコードのドキュメント

187

を作り、引き継ぐ人に丁寧に説明し、できるだけ「後を濁さず」にして去ることにしました。引き継ぎを済ませて、最終日には友人や同僚たちの席を訪ねて別れの挨拶をしてまわり、自席を片づけて、社員証などをまとめてマネージャーに返却し……と、普通に退職するときとほとんど変わらない雰囲気でした。

　ただそれは、比較的のんびりした製造業だったからかもしれません。このことを話したシリコンバレーの友人は、みな驚き、

　「そんなことしたら、ソースコードをコピーし放題じゃないか！」
　「システムに時限爆弾を仕掛けたりされちゃうじゃないか！」

などと言われたものです。周りの人を信用しないドライな考え方に触れ、「のんびりした特殊な会社から出ていく自分は、シリコンバレーの殺伐とした環境でちゃんと働いていけるのだろうか？」と不安を感じたものです。

✔ 解雇手当は会社によって大きな差が出る

　これは At-will Employment の下では義務ではありませんが、通常 "Severance Pay" と呼ばれる解雇手当が支払われます。以下のような感じで計算されることが多いようです。

　基本手当＋勤続年数手当×勤続年数＝解雇手当総額

　この額は、大企業と小さい会社では大きく異なることがよくあり、基本手当が給料の2週間分から3か月分ほど、勤続年数手当が1週間分から4週間分ほどと言われています。この金額の一部または全部を支給する条件として

「今回のレイオフに関連して、会社を訴えない」

という契約書にサインすることを求められます。会社側から見ると、「従業員への厚意」というよりも「訴訟を起こされないための保険」の意味合いと、残った従業員のやる気を維持する意味合いがありそうです。レイオフが頻発する会社においては、レイオフされる前に転職するより、レイオフされてから転職するほうが経済的に有利になる、という微妙な状況です。

　私がレイオフに遭った時には、基本手当が3か月分で、勤続年数手当が半年分（ただし、6か月分が上限）ということで、勤続12年以上の人が最高額9か月分の手当を受け取るルールになっていました。ちなみにこの数字は、この会社ですでに10回目ぐらいのレイオフだったために条件が悪くなってきたところでの数字で、初期のレイオフの対象者はさらに良い条件の手当を受け取っていたようです。

　さらにちなみに、同じころに知人が勤めていた従業員100人ほどのスタートアップでは、Severance Pay は基本手当がなし、勤続年数手当が1週間分だったそうです。創業10年未満だったので、最大でも2か月ぐらいしか出なかったことになります。どちらの会社も景気の悪化に伴うレイオフだったのですが、そういう時にはまだ大企業のほうが余力があるとも解釈できそうです。

✔ 雇用保険、健康保険の制度について知っておく

　州によって変わりますが、だいたい毎月上限20万円ほどの Unemployment Benefit（雇用保険）を受けられます。支給額はレイオフに遭った時の給料によって決まります。

　また、COBRA[1] という制度で、レイオフ時に受けていた健康保険を自費で一定期間継続することができます。ただ、勤務中には大部分を企業が負担してくれていた掛け金を全額自分で払うことになるので、

※1　Consolidated Omnibus Budget Reconciliation Act（包括予算調停強化法）。

月々の保険料は跳ね上がります。ただし、保険を使うことが必要になってから数か月遡って掛け金を払えるので、家族の健康を願いつつ転職活動を急ぐと、掛け金ゼロで乗り越えられることもあります。

✔ 転職支援サービスは既成事実を作るのが目的？

おもに大企業では、企業が契約した他企業による転職支援サービスを無料で受けられることがあります。

しかし、これはあくまで私の経験と私の周辺で聞いただけの話ですが、「支援サービス」は形式的で、あまり役に立った実感が得られませんでした。提供される情報も、"キャリアアドバイザー"のアドバイスも、普通に Web 検索して得られる情報以上のものはなく、「支援した」という既成事実を作ることだけが目的のような印象を受けました。

後に Web 上で流出した別の大企業のレイオフマニュアルを見つけたのですが、そのマニュアルの製作者がまさに私の会社が契約した転職支援サービス会社でした。どうやら、レイオフのノウハウと対象者の再就職支援をパッケージにして売っているようで

「顧客の会社は、おもにレイオフのノウハウを得るために契約しているのかもしれないな」

と思ったものです。対象者へのレイオフの告知のセリフ、よくある質問への回答例など、自分がレイオフを告知された時にマネージャーから聞いた言葉がそのまま書いてあって、微妙な心持ちになったものでした。

✔「社内異動」という選択肢

これもまた大企業の利点といえるかもしれません。1つの部署でレイオフが行われている時に、ほかの部署では従業員を募集しているということもありえます。会社によっては、それが普通の制度として浸

透していて、レイオフの対象者に最初から社内異動の仕方を説明して
くれるケースもあります。もちろん、社内のどこにでも異動できると
いうことではなく、異動先のポジションミスマッチやほかの希望者と
の競合などをクリアしなければなりません。

　社内異動では人的ネットワークが密なので、普通の転職の時以上に
従業員のリファレンスが効いてきます。他部署にたくさん知り合いが
いたほうが異動がしやすいことになります。こういう時のためにも、
社内のネットワークは重要です。

　もちろん、社内で異動した場合には、Severance Pay などは受け取
れません。社内の別部署で働けるオプションを断って他社に移ること
に成功すれば、今の会社からは Severance Pay、新しい会社からはサ
インアップボーナスと昇給、と経済的にかなり潤うこともありえます。
この理由で「社内異動できるけど、しない」という選択をする人も多
いようです。

✔「私をレイオフしてください」で臨時収入

　大企業での Severance Pay は高額になります。そこで、レイオフの
期日が発表されたり、レイオフの噂が聞こえてきたら転職活動を始め、
ちょうどいいタイミングでマネージャーに「私をレイオフしてくださ
い」とお願いする人がいます。

　マネージャーも人間なので、やはり望まない人を無理やり解雇する
のは心苦しいものです。そこに解雇を希望する人が名乗り出てくれる
と、マネージャー側としても罪悪感なくその人を対象者に選べます。
また、人員を 1 人だけ減らす計画だったところが、レイオフで 1 人
減らした直後にもう 1 人が自主退職して 2 人減ってしまうと、チー
ムマネジメントが大変になってしまいます。そういう観点からも「レ
イオフ希望者」の存在により部署としての被害を小さく抑えられ、
Win-Win な結果とも言えます。

もし、何らかの理由でレイオフの対象になれなかったとしても、も
ともと辞めるつもりだったのです。気まずい思いで働き続ける必要も
なく、ただ普通に辞めるだけなので、すでに会社を去る決意をした従
業員にとって、「レイオフしてください」はノーリスク・ハイリター
ンな行動です。

　「同じチームからレイオフ対象者が出たのに、レイオフの希望が通
らなかった……」という時は、そのレイオフはファイアするほど酷い
わけではないけどパフォーマンスが低めの社員を切るという意味もあ
ったかもしれません。特に、大規模なレイオフをする時には、経済的
にはレイオフする必要のない部署でも「低パフォーマンス枠」を設定
するケースも存在するようです。当然、表向きは普通のレイオフなの
で、真相はレイオフされた本人にもわかりません。ただ、そういう例
では対象者の人数・比率は低くなりがちです。

グリーンカードのありがたみ

　グリーンカード（永住権）を一番ありがたく感じるのは、解雇にな
った時です。前述の H-1B ビザ（Professional Workers）や L-1 ビザ
（Intracompany Transferrees）で働いている人は、特定の会社で働くた
めに米国滞在が許可されている状態です。つまり、その会社で働かな
くなれば、米国滞在の権利を失うわけです。すぐに次の会社を見つけ
られなければ、不法滞在者になってしまいます。

　H-1B ビザならば、ビザを保持したままスポンサー会社を変更する
ことが可能なので、次の会社を見つけるのは比較的容易です。しかし、
L-1 ビザは会社の変更が不可能なので、次の会社の面接を突破できる
としても、H-1B ビザを取得する長いプロセスが必要になってしまい
ます。それがたたって、面接さえも受けられない可能性があります。

CHAPTER 07　解雇に備える

悪ければ日本帰国、良くてもしばらくはアメリカ国外で働くことになってしまう可能性が大きいでしょう。

　移民法とその運用ルールは、頻繁に変わります。必ず移民法に詳しい弁護士に相談しましょう。雇用主を通じて相談できる可能性もあります。

レイオフに備えるには

✔ 昇進直後にレイオフがあると危険？

　正直な答えを言ってしまうと、レイオフを完全に避ける方法は存在しません。しかし、レイオフが行われる時の状況は千差万別で一概に言えないものの、ある程度可能性を下げる方法はあるかもしれません。あくまで「状況によっては、こういうこともありえる」というウワサ話程度として考えてください。

　先述のとおり、レイオフは本人の能力とは関係ないと言いつつ、部署のうち少人数の従業員を削減するような場合は「低パフォーマンス枠」に入る従業員がターゲットになりがちです。その枠に入らないようにすることで、対象者になってしまう可能性を下げられるかもしれません。

　ただし、「低パフォーマンス枠」とはいっても、単純に「チーム内で一番仕事ができない人がターゲットになる」という意味ではありません。そういうやり方をすると、経験年数が少ない若い社員ばかりが「枠」に入ってしまうことになります。そうすると、社内の人口ピラミッドが歪んできます。また、経験が少ない社員は給与額が低めなので、人件費削減の効果も低めになってしまいます。入社したばかりの社員は仕事を覚えるまでは当然低パフォーマンスなので、対象者の候補から無条件に外すこともあります。

そこで、職務レベルごとに人数を決め、それぞれの中から対象者を選ぶことになります。対象者にならないためには、それぞれのグループで低めのところに入らないようにする必要があるわけです。別の言い方をすると、ショッキングな話ではありますが、「昇進直後にレイオフがあると危険」なのです。

　実際、私が以前レイオフが定常化していた会社に勤めていたころ、シニアレベルのエンジニアへの昇進の話が来たけど断った同僚がいました。彼が断った理由は、「シニアレベルになると、次のレイオフで危ない」とのことでした。エンジニアからマネージャーへの昇進ならば「人の管理などしたくないために断る」という話は聞きますが、シニアレベルに昇進することで職務内容が大きく変わることはないので、普通はありがたく受諾するものです。その決断のおかげか、彼は今でも同じ会社で働いています。レイオフの嵐が吹き荒れた後に、その会社は景気が回復してきました。しばらくレイオフなどなさそうだとわかったところで、彼は昇進を願い出て、今はきちんとシニアエンジニアとして活躍しています。

✔ 噂レベルで囁かれる"対策"

　ほかにも、噂レベルで囁かれる"対策"がいくつかあります。前記の話よりもさらに信憑性が下がるうえに、下世話な話やジョークまで混ざってくるので、理由などは特に詳しくは書きませんが、参考になると思えば参考にしてください。

- スキップレベル（2階層上）のマネージャーと仲良くしておく
  ➡最終決断を下すのは2階層上で、直属のマネージャーと仲が良いだけでは不十分だという噂があります。

- 定常的なリモート勤務を避ける

⇒普段顔を見ない、情が移りにくい部下のほうが、上司としては
切りやすいという説があります。

- 複雑なプロジェクトの第一人者になり、ドキュメントは書かない
  でおく
  ⇒「こいつがいなくなったら仕事が回らなくなる」と思われるの
  は良い予防策になるので。

- 昇進・昇給などを避け、自分の給与額を低めに抑えておく
  ⇒同じランクの従業員の中で飛び抜けて給料が良いと危険、新し
  いランクになったばかりでは下のほうに飛び抜けて見えるので危
  険かもしれません。

いろいろな"対策"を書きましたが、たとえば以下のような場合で
はほとんど効果がありません。

- 自分の部署全体がなくなるレイオフ
- プロジェクトキャンセルに伴うレイオフ
- 自分の部署が他企業に買収され、事業分野の重複を解消するため
  のレイオフ

景気が悪化して、数年の間に何度もレイオフが行われるような会社
では、従業員が疑心暗鬼になって、いろいろな話が飛び交います。社
内政治家が目立つようにもなってきます。変な策を弄する人もいるよ
うですが、後で無意味だったと気づいてしまうことも多々あります。
ただ、良い職場環境でないことだけは確かです。

✔「転職可能な状態」が一番のレイオフ対策

　じつを言うと、私がアメリカで働こうと決断した理由の1つは、

「レイオフを確実に避ける方法はない」

と痛感したからです。当時は日本で勤務していましたが、そこでも何度もレイオフが行われ、たくさんの同僚、先輩方が会社を去っていきました。

　自分の仕事をがんばっていればそのうち景気も回復するだろうと思っていたのですが、私にソフトウェア開発のさまざまなことを教えてくれた、たくさんの人が認めるスターエンジニアだった先輩がレイオフに遭ったと聞いた時は、大きな衝撃を受けました。その人は、レイオフの少し前に異動しており、その異動がなかったらレイオフに遭うこともなかっただろうと噂されたものです。
　自分がまだ会社に残っているのにその先輩が会社を去るのを見て、優秀であってもレイオフになることは避けられないと実感しました。以前、講演会で聞いた「キャリアの大部分は運に左右される」という言葉が頭の中で響きました。そして、レイオフを避けられないのならば、レイオフされた場合のダメージを小さく抑えるにはどうすればいいかを考え始めました。

「転職するのがあたりまえなアメリカならば、レイオフに遭っても次が見つけられる可能性は高い」

　それが、その時の結論でした。
　アメリカでしばらく勤務して、実際に自分もレイオフに遭いましたが、当時の言わば"レイオフ同期"の人たちの間でも、その後のキャ

リアに明暗が見られました。当時の会社は従業員を大事にすることで知られ、アメリカには珍しく、10年以上や20年以上勤務する従業員が多くいました。そんな環境だったので仕方ない面は多々あるのですが、会社の文化にどっぷり浸かっていた人たち、レイオフになった時に会社を去ることを嘆いて気持ちを次に切り替えなかった人たちは、長い期間が経った後でも不本意な仕事をしていたり、仕事が見つかっていなかったりする例が多いようです。

　「自分がいつでもほかの会社に移れる状態にすること」

が、レイオフ対策として一番重要なのです。もっとも、それはレイオフ対策だけではなく、

　「自分の現在の仕事が魅力的なものでなくなった場合に、すぐにほかの良い仕事を探せる」

という効果のほうが高いのかもしれません。日本でもリストラが増えてきているようなので、この意識は日本でも重要になってきていると思います。転職市場の流動化が進めば進むほど、日本でも必要性が高くなってくると思います。

　そのためにも、社内だけでなく、社外の人たちとのネットワークが重要です。異業界の人たちの話も大いに参考になりますが、同じ業界で別の会社に勤める人たちの話には直接役立つようなことがたくさんあります。

　他社に移るときに社外ネットワークが役に立つのはもちろんですが、自社内での仕事のアプローチに参考になる意見を他社の人たちから聞くこともよくあります。積極的にインフォーマルな情報交換を心がけましょう。アメリカでは、「どんな開発プロセスを使っているか」「ど

んなツールを使っているか」などの情報は、社外秘とは考えられていません。皆、どんどん自分の会社の手の内を見せて、どんどん議論しています。

　現在自分が就いているポジションでしっかりとアウトプットを出していくことはもちろん大事ですが、それと同時に、自分がやっていることが普遍的なものなのか、自分の周りだけのローカルルールなのか、しっかり意識することも重要です。技術的な知識にしても、その知識は社内限定のものなのか、業界全体で通用するのか、仕事全般で使えるものなのかを常に把握して、広い範囲で通用するものを意識的に取り込んでおきましょう。

　つまり、どこででも通用する状態に自分を置いておくということです。

Column

▌私のレイオフ体験

　2009年4月、私もレイオフに遭いました。

　リーマンショックによる不況が始まって数か月経ったころ、何回目かもうわからなくなっていたレイオフの予告がありました。当時の会社は景気が悪い状態が何年も続いていて、レイオフも頻繁にありましたが、少し回復の兆しが見えてきて、「レイオフの話もしばらく聞いてないなあ」と思っていたところに、リーマンショックで再び叩き落とされた形でした。レイオフの予告を聞いても「ああ、またか」と思うぐらいにまで慣れてしまっていたのですが、この時は非常に嫌な予感がしました。私は1年ほど前に昇進したばかりで、それ以降同じレベルに昇進した人

がいない状態でした。そして、少し前に業務内容が変わったばかりだったのです。

　大規模なレイオフは久しぶりだからか、会社による丁寧な説明会が行われました。まだだれが対象者になるのかわからない状況で、全員が同じ説明を聞くわけです。部署ごとに同じ内容の説明会をやるという話でしたが、対象者が多い部署ほど、丁寧に何度もやっていたようです。おもな内容は、以下のようなものでした。

- 対象者は全社員の20～25%
- 部署ごとに比率は上下する
- 全員がマネージャーとの1対1のミーティングを持ち、対象者か否かを告知される
- 告知は2日にわたって行われる
- 対象者の退職日は、一部例外を除いて、告知の1週間後の月末
- Severance Pay、転職支援サービスなどのベネフィットがある
- 自分が対象者になったことを同僚に知らせるのは自由
- 話したくない人もいるだろうから、同僚に結果を聞くのはお勧めしない

　2日にわたるレイオフ告知予定日の1日目、マネージャーから30分のミーティングのリクエストが届きました。翌日の朝8時から。これまでレイオフの対象になった友人たちから、「朝の早い時間に設定された人が対象者である」と聞いていたので、ほぼ決まりです。

　その日、すでに告知を受けた人も多くいたので、チームミーティングの最後に「あと1週間でお別れだ」と突然のアナウンスがあったり、席まで何人も教えに来てくれました。

「お前は生き残れよ」

「いや、俺もどうなるかわからないよ」

　そんな会話が繰り返されます。

　仕事をしていても、いろいろな人が大きなニュースを持ってくるので、皆あまり仕事にならないようです。この会社は、特別"優しい"ポリシーを持っていて、告知後すぐに社屋から追い出すようなことをしなかったため、このような居心地の悪い会話がそこここで繰り広げられることになったのです。「告知後、すぐに追い出す」という一般的な方法は残酷に聞こえますが、会社に残る従業員にとって、そしてひょっとすると対象者になってしまった人たちにとっても、気持ちとしては楽な方法なのかもしれないな、などと思いました。

　そして翌日、告知当日の朝8時に、私はミーティングルームに着きました。驚いたことに、マネージャーは部屋の前で立って待っていました。普通のミーティングならば、先に部屋に入って座っているはずです。

　"Good morning"と挨拶を交わすと、その一瞬で、マネージャーがものすごく緊張していることが伝わってきました。90％ほど「そうなるだろう」と思っていたことが、100％の確信になってしまいました。かといって、気持ちが混乱するということはなく、そこにいる自分とマネージャーを少し離れたところから観察している第三者に自分がなったような、不思議な感覚が湧いてきました。自分に起こっていることを他人ごとのように考えることで、冷静さを保とうとしたのかもしれません。

　無言で2人とも部屋に入り、席に着きました。重苦しい沈黙に耐えられなくなって、自分から口を開きました。

「今日は、このミーティングが最初ですか？」

　マネージャーは、重苦しい雰囲気のままで、「そうだ」と答えました。

続けて、私は言いました。

「最初は大変だろうけど、あとのほうになれば楽になってきますよ」

正直、自分で言ったことに、自分で驚きました。「レイオフ対象者は最初に呼ばれる」という噂に基づいた話ですが、こんなところで滑り気味のジョークを言う必要はまったくありません。

マネージャーは、わずかにクスッと笑って、やはり重苦しい言い方で話し始めました。

「会社の経済状況が良くないことは、あなたもわかっていると思う。今回、社内のポジションを大幅に減らすことになり、あなたのポジションが削減の対象になってしまった。退職日は今月末。Severance Payは6か月分。この文書にサインすれば、さらに3か月分が追加される……」

事前の説明会で話された内容をもう一度丁寧に説明され、会社を訴えない旨の文書も提示されました。

ここで、あらかじめ考えていた交渉内容と質問をしてみました。交渉内容は、「退職日を今月末ではなく来月末まで延ばして、進行中のプロジェクトを仕上げるところまでできないか？」など。質問は、転職にまつわる雑多なこと、転職のためのリファレンスの可否など。しかし、というか、予想どおり、というか、答えはすべて

「残念ながら、それはすでに決定してしまっていて、変えることはできない」

「それについては、私はわからないので、転職支援サービス会社に問い合わせてほしい」

というものでした。どの答えも言葉は丁寧に聞こえるものの、まったく取り付く島を与えない感じで、早々に諦めることを促す内容でした。

　この告知から数か月後に、偶然他社から流出した「レイオフマニュアル」をネット上で読んだ時、ほとんど同じセリフが載っているのを見つけました。奇妙な納得をしたものです。

　必要な説明はひととおり終わったし、質疑応答もこれ以上有益なものはなさそうです。書類をすべて受け取って、ミーティングは終了しました。会社を訴えるつもりはまったくありませんでしたが、冷静ではないかもしれない状態でサインするのは避けておこうと思い、一応書類へのサインは保留しておきました。ここではサインしない旨を伝えると、

「もちろん、まったく問題ない。今月末までにじっくり考えて、決断するといい」

とのことでした。

　自席に戻るまでの間、8年以上働いてきたオフィスの景色が妙によそよそしく、知らない場所を歩いているような気がしてきました。場違いなところ、存在してはいけないところに自分が存在しているような、不思議な感覚でした。

　無表情で自席に戻り、すでにレジュメのアップデートはしていたので、さっそく転職サイトへの登録と職探しを始めました。ミーティングの最後に

「今日は、すぐに家に帰ってもかまわない」

と言われていたのですが、仕事時間に外を出歩くと変な形で「実感」が襲ってきそうな気がして、すぐに帰宅する気持ちにはなれませんでした。

少し経つと、チームメンバーが通常どおりに仕事の質問をしに来ます。「レイオフになったかどうか、相手に聞かない」ポリシーをみんなよく守っていました。ひととおり質問に答えて、相手が満足した時点で、自分がもうすぐいなくなることを告げました。相手の驚いた顔を見て、うれしいような悲しいような、また言いようのない気持ちが湧いてきました。

それからまた少し経つと、ほかの人が質問に来ました。同じように告げると、その人もまた、驚いた顔。

「もう、これは自分から言ったほうが良さそうだ」

そう思い、いつもより空席が多いオフィスをうろうろして、在席だった同僚たちを訪ねまわりました。

ランチは外でゆっくり食べて、席に戻ってみると、直接会って報告できてない人たちからのインスタントメッセージとメールがたくさん届いていました。すでに情報が拡散するのに十分な人数に伝わったようです。もう少し同僚たちを訪ねた後、ずっと自席で作業していたのですが、その日は席に立ち寄る人はもうだれもおらず、それもまた不思議な感覚でした。

大規模なレイオフだったことが幸いして、同じ日にレイオフを告知され、同じ日に退職することになっている、「レイオフ同期」と呼べる同僚がたくさんいました。いつものことですが、経験の浅いエンジニアだけではなく、中堅もシニアエンジニアも、アーキテクトやディレクターレベルの人たちまで、対象者は多岐にわたっています。通告後も1週間ほど会社に来る期間があったので、その人たちといろいろ情報交換する機会に恵まれました。

私はできるだけ早く再就職することしか考えていなかったので、「ど
このサイトが転職情報が豊富だ」とか「どこのサイトに求人が多く出て
そうだ」といった情報を仕入れていたのですが、かなり多くの同僚が

　「しばらくは仕事を探したりしないよ。Severance Pay もたくさん
もらえるし、半年は雇用保険ももらえるから、しばらくはお金の心配が
ない。少なくとも半年ぐらいは、のんびり過ごすつもりだ」

と言っていました。たしかに、半年以上の給料をもらえば、半年働かな
くても収入減にはつながりません。もし半年以内に再就職すれば、その
分収入が増えることになります。日本ではまちがいなく問題視される
「履歴書の空白期間」がアメリカでは問題にならないので、この発想は
まったくおかしくはありません。そう考えると、「何はともあれ再就職
だ」「無職である期間をできるだけ短くしたい」と考えた私のほうが不
合理だったのかもしれません。
　この時の無職期間は、私にとっては幼稚園から 30 代までの人生で初
めての「どこの集団にも正式に属していない状態」という、なんとも不
思議な気分のものでした。しかし、アメリカ人にとっては、集団に属さ
ないなどということはまったく問題ないようでした。

　「そんな考え方はしたことがなかった」

と言われたものです。そのころには、アメリカ在住期間が通算 8 年を過
ぎていて、日本の友人と話すと「お前はアメリカナイズされてるなー」
などと言われたりもしていたのですが、やはりまだまだアメリカ人とは
考え方が違うのだと実感しました。「仕事は生活を支えるためだけのも
の」と考える人も、アメリカには多いのです。

そのあと 1 週間、会社に顔を出し続けたのですが、それは良かったことのような気がします。もうすぐいなくなるという状況で、最初は気まずい感じだった友人たちとの会話も、お互いに "状況" に慣れるうちにまた自然な感じになり、楽しく雑談などできるようになったのは、後の付き合いの継続にも役立ったと思います。1 週間のうちに、ほかにだれがレイオフ対象者になったのかを数多く知ることができ、「レイオフ同期」の間で情報交換もいろいろできるようになりました。

さすがに仕事の続きはせず、転職活動以外は現プロジェクトの引き継ぎだけを行いました。「自分は引き継ぎはやらない、お前もやるべきではない」と言うレイオフ同期もいましたが、こういう状況でどうする "べき" なのかは、今でも正直よくわかりません。

最終日、会社の建物から出てドアを閉める時には、やはりこみ上げてくるものがありました。それまでの自分にとっての「アメリカで働く」という挑戦はこの場所で働くということで、思い切った決断に伴う楽しいことも悲しいことも、すべてここで起こったことでした。その時点で日本で働いたのは 5 年弱、このオフィスで働いたのは 8 年強。それまでの仕事人生で、一番長く働いた場所はここでした。でも、もうここには戻って来ないのです。

おわりに

「雇用の流動性」という違い

「エンジニアとして働く」という文脈において、アメリカのほうが優れていると言われていることがいくつかあります。

盛んな起業。

多くの有名企業群。

実力主義。

好待遇。

多様なキャリアパス。

なぜ、日本とアメリカにそんなに違いがあるのでしょうか?

アメリカ人はセロトニンの分泌量が多いから楽観的な人が多いとか、シリコンバレーの天気が良いからだとか、いろいろな説がありますが、私の個人的意見では、かなりの部分が「雇用の流動性」で説明できてしまうのではないかと思っています。

アメリカで起業するエンジニアは、今まで築き上げたものをすべて

擲ってオール・オア・ナッシングの賭けをやっているわけではありません。起ち上げた会社が立ち行かなくなり、起業家の道を諦めたら、次には普通にエンジニアやマネージャーとしてほかのスタートアップなり大企業なりに就職する道があるのです。当然、それまでずっと会社勤めをしたエンジニアと同等、起業の経験を買われればそれ以上の待遇を得ることができます。以前勤めていた会社に戻るオプションも存在します。日本で大企業を辞めて起業するのに比べて、失うものは非常に少ない、いやむしろ得るものが多いオプションなのです。

　会社を変わることは難しくないので、ほかの会社の良い評判を聞くと、気軽に転職していく人がたくさんいます。次第に、良い会社には良い人材が集まり、悪い会社には外に出ていけない従業員が残るようになってきます。良い会社はますます良くなるようなフィードバックがかかり、良い企業から"突出した企業"に成長しやすくなります。

　そして、実力が評価されやすくなります。社内の実力ある人材をほかの人材と同じように扱っていては、より良い待遇の別の会社に移っていってしまうからです。それを避けるためには、実力に応じて差をつけることが必然になってきます。ほかの会社との人材引き抜き合戦により、市場規模と需要の許す限り、待遇が上がっていきます。個人としても、仕事の能力向上が好待遇に直結してくるので、スキルアップのモチベーションが向上します。優良企業が多く生まれて、新しい需要を開拓していくので、需要もまた膨らんでいきます。

　日本における雇用にまつわる問題、大企業と中小企業の格差、正社員と契約社員の格差、ブラック企業の存在などの多くは、制度的にも社会的にも、雇用の流動化が実現されれば消えていくのかもしれません。流動化が進んだ労働市場では、アメリカのような転職があたりま

えの形になっていくのではないでしょうか。

「雇用の不安定さ」というデメリットと引き換えではありますが。

「アメリカで働けば幸せ」とは限らない

私がアメリカで働こうと思った理由はいくつかありますが、その中でも大きいのが、この雇用の流動性でした。

「日本でもアメリカでもレイオフはありえる。しかし、アメリカならば、その後の選択肢がより多くある」

そう意識するだけで、かなり気分が軽くなったものです。また、たまたまそのころに読んだ、スタンフォード大学の西義雄教授の

「やりたいことがアメリカにあれば行けばいい。水盃を交わして海外に出るなんて、もうそんな時代じゃありません。いつでも日本に帰ればいいのですから※」

という言葉も背中を押してくれました。

渡米の決断はしたものの、正直それで幸せなキャリアを築ける自信があったわけではありません。

「数年で限界を感じて、帰りたくなるかもしれない、そうなればそうなったで仕方がない」

と思っていました。実際に渡米してからは、「もう少し続けてみよう」

※ http://www.fsight.jp/articles/print/8805

「もう少しやっていけるかも」で、すでに10年以上が過ぎていました。

　そして今現在どうかというと、「最高にハッピーというわけでもなければ、特別不幸でもない」というのが正直なところです。日本にない良いところを楽しんでいるのはたしかで、日々の生活や仕事もそれなりに充実しています。なので、「アメリカで働きたいです！」と目をキラキラさせる学生や友人たちの背中は押したいと思います。しかし、アメリカにしか存在しない困難も一緒にパッケージになっています。手放しで「日本より良い」と誰彼かまわず勧められるようなものではありません。

　アメリカの会社にも社内政治は当然あるし、テクニカルな議論がいつもいつも気持ち良く終われるわけでもありません。レイオフはもちろん辛い経験でしたし、ほかにも楽しくない出来事はいろいろありました。英語は随分上達しましたが、日本語とまったく同じように操れるわけではありません。渡米後の数年間はおそらく可能だった「日本に帰る」というオプションも、今はどれぐらい困難なものになってしまったのか、よくわかりません。歳をとってから失職して、その次を見つけられない人をたくさん見ているので、そちら方面にも不安はあります。

　友人たちの中には、「日本にいたときには将来が見えなくて大変だったけど、アメリカに来てからはすべてが良い方向に転がっていった、アメリカに来て本当に良かった」という人たちもいます。そういう人たちは、本当にアメリカが合っていて、最高に幸せそうに見えます。残念ながら、私は合っていないわけではないものの、そこまで完璧に合っているというわけではありませんでした。

209

ただ、アメリカに渡ろうかどうか悩んだ時に、「ここで行かずにいたら、きっと後悔する」という思いがありました。第6章のコラム「予期せぬ良い知らせ」で記した初めてのオファーを断った後に、

「やった後の後悔よりも、やらなかった後の後悔のほうが大きい」

ということを痛感していました。その気持ちに沿って

「迷った時には、将来の後悔の量を最小にする」

　法則どおりに行動したわけです。行動に移したことによって、「あの時、ああしていたら」と後から何度も思い返すような状態を避けられたことには満足しています。別の言い方をすれば、アメリカで働くという選択肢を見つけてしまったために、それを行使してみたくて仕方がなくなってしまった、ということでもあります。

二面性を伝える

　すでにアメリカで働いている日本人エンジニアはたくさんいます。Web上でそういう人たちの記事を見ることはよくありますし、私自身の記事も出たことがあります。そういうものの中には、「エンジニアは全員アメリカを目指すべき」とか「日本の技術者のレベルは高い、シリコンバレーでも問題なく通用する」といった煽る言葉を散りばめた魅力的なものもあります。もちろん、そういう記事は大事ですし、読んでいて楽しいものです。そういった記事が渡米の決断のきっかけとなり、より良い人生を歩むことになる人もいるでしょう。

しかし、ポジティブな面ばかりを強調して、ほかの面にまったく触れない一部の記事には、私は違和感を覚えていました。「働くといい」と勧めはするものの、それはつまり全体としてどういうことなのか、またそこにたどり着くにはどうしたらいいのか ―― そういうところがすっぽりと抜けているような気がしたのです。海外生活の明るい一面ばかりに過剰なほどスポットライトが当てられていて、それ以外の重要な部分についてはヒントさえも与えられない、暗黒大陸のようになっているのではないかと感じていました。

　そこで、この本を書くにあたって考えたのは、「普段あまり目にしない面にも光を当てるようにしよう」ということでした。もちろん、ポジティブな面はいろいろ存在するのでそれらは記述するものの、さらにそれと同じぐらいのネガティブな面にも言及しよう、具体的な情報を伝えると同時に、何事にも存在する二面性が伝わるようにしよう、と考えました。全体として見れば、ポジティブでもなくネガティブでもなく、ニュートラルになるような記述を心がけたので、海外についてのほかの本に比べると必ずしも明るいトーンではないとは思います。このスタイルで、よりリアルに感じられる情報が伝わっていれば幸いです。

"壁" はなかった

　二面性を伝えることで、その実情を詳しく知ることなく「海外でのキャリアなど自分には無理だ」と思い込んでしまっている人たちに、「本当にそれは無理なのか？」と、本書を通じて考えていただきたいと思っています。「世界の最前線で働く」ということは、遠い世界の話でも叶わぬ夢でもなく、あなたが持っている「選択肢」なのかもし

れないのです。

　私の場合、アメリカで働き始める前だけでなく、駐在員として働き始めたころでさえも、アメリカで一般社員として働くことなど無理だと思っていました。

　「帰国子女でもない自分が海外で働くことは無理だ」
　「駐在員として働くことができているのは、会社の大きい傘の下で守られているからにすぎない」

と、自分で自分の心の中に大きな"壁"を作っていました。

　そんな中、ひょんなことがきっかけで、「試しにやってみよう」と思う機会がやってきました。そしてやってみたら、思ったよりずっとあっさりとできてしまいました。自分の心の中で作り上げていた"壁"はなかったのです。

　私のキャリアはまだまだ続きます。今後もまた、楽しいことも辛いこともあるでしょう。もしかすると、この先のどこかで本当の壁にぶつかるかもしれません。

　この本を読んでくださったあなたも同様だと思います。あなたがキャリアを積む場所がアメリカなのか、日本なのか、両方にまたがったものなのか、まったく違う場所でのものになるのかはわかりませんが、この本があなたのキャリアを考えるうえで少しでもお役に立ったならば、大変うれしく思います。

　本書をお読みくださり、どうもありがとうございました。

謝辞

　まず、友人たち、元同僚たちに感謝します。私の今までのキャリア
は自分1人で築いてきたものではなく、周りの人々の助けやアドバイ
スの元に成り立っています。特に、レイオフとそれに伴う転職の時に
は、たくさんの方々に有形無形の援助をいただきました。本書の内容
には、みなさんから学んだ話も数多く含まれています。

　NPO 法人の Seattle IT Japanese Professionals（SIJP）の役員と参加
者のみなさんにも感謝します。SIJP で開催したイベント「ソフトウ
ェアエンジニアのための就職・転職講座」が、この本を執筆するきっ
かけとなりました。特に、この講座の内容を本の形で読んでみたいと
フィードバックをくださった参加者の皆さん、書籍の形にすることを
何度も勧めてくださり、また何より SIJP の起ち上げに尽力くださっ
た会長の今崎憲児さん、編集者の傳さんを紹介してくださった太田一
郎さんに感謝したいと思います。

　技術評論社の傳智之さんには、初めて本を執筆することになった著
者を、メールのやりとりだけで見事にハンドルしていただきました。
必要十分かつ簡潔なメールによるフィードバックでどんどん話が進ん
でいく様子は、自分が当事者ながら見ていて大変気持ちの良いもので
した。どうもありがとうございました。

　そして、度重なる引越と環境の変化を乗り越えて常に支えてくれて
いる妻、毎日働く意欲を与えてくれる娘、異国で生き延びる力を与え
てくれた両親、折に触れアドバイスを与えてくれる兄にも感謝の意を
表し、筆を擱きたいと思います。

〈著者プロフィール〉

竜盛博（りゅう もりひろ）

宮城県仙台市出身。宮城県仙台第一高等学校卒業、東北大学工学部情報工学科卒業、東北大学大学院情報科学研究科修了。修士（情報科学）。幼稚園から大学院まで、通った学校すべてが半径3kmの円内に収まっている。

日本ヒューレット・パッカード社在籍中に米国駐在。日本帰任後に米国移住を決意、Agilent Technologies（旧 Hewlett-Packard Company）、Amazon.comを含むシリコンバレー・シアトルエリアの会社5社に勤務。現在、Microsoft Corporation にて Senior Software Engineer として働く。また、シアトル周辺の日本人技術者を支援する NPO 団体 Seattle IT Japanese Professionals（SIJP）の Vice-President として、講演会や勉強会の企画、講師なども行う。

■お問い合わせについて

本書に関するご質問は、FAX か書面でお願いいたします。電話での直接のお問い合わせにはお答えできません。あらかじめご了承ください。

下記の Web サイトでも質問用フォームを用意しておりますので、ご利用ください。

ご質問の際には以下を明記してください。

・書籍名
・該当ページ
・返信先（メールアドレス）

ご質問の際に記載いただいた個人情報は質問の返答以外の目的には使用いたしません。

お送りいただいたご質問には、できる限り迅速にお答えするよう努力しておりますが、お時間をいただくこともございます。

なお、ご質問は本書に記載されている内容に関するもののみとさせていただきます。

■問い合わせ先

〒 162-0846
東京都新宿区市谷左内町 21-13
株式会社技術評論社　書籍編集部
「エンジニアとして世界の最前線で働く選択肢」係
FAX：03-3513-6183
Web：http://gihyo.jp/book/2015/978-4-7741-7656-7

【装丁】
竹内雄二

【カバー写真提供】
Stockbyte ／ Getty Images

【本文デザイン・DTP】
有限会社ムーブ
（新田由起子、川野有佐）

【編集】
傳 智之

エンジニアとして世界の最前線で働く選択肢
～渡米・面接・転職・キャリアアップ・レイオフ対策までの実践ガイド

2015 年 11 月 10 日　初版　第 1 刷発行

著　者　　竜 盛博

発行者　　片岡巌

発行所　　株式会社技術評論社
　　　　　東京都新宿区市谷左内町 21-13
　　　　　電話　03-3513-6150　販売促進部
　　　　　　　　03-3513-6166　書籍編集部

印刷・製本　　日経印刷株式会社

▶定価はカバーに表示してあります。
▶本書の一部または全部を著作権法の定める範囲を超え、無断で複写、複製、転載、テープ化、ファイルに落とすことを禁じます。

© 2015　竜盛博

造本には細心の注意を払っておりますが、万一、乱丁（ページの乱れ）や落丁（ページの抜け）がございましたら、小社販売促進部までお送りください。送料小社負担にてお取り替えいたします。

ISBN978-4-7741-7656-7　C3055
Printed in Japan